[日] 斋藤孝 著
潘咏雪 译

新手少年的大人生攻略

什么是真正的聪明？

中信出版集团｜北京

图书在版编目（CIP）数据

什么是真正的聪明？/（日）斋藤孝著；潘咏雪译
. -- 北京：中信出版社，2023.9（2025.9重印）
（新手少年的大人生攻略）
ISBN 978-7-5217-5886-3

Ⅰ.①什… Ⅱ.①斋…②潘… Ⅲ.①人生哲学－青少年读物 Ⅳ.① B821-49

中国国家版本馆 CIP 数据核字（2023）第 131299 号

「本当の「頭のよさ」ってなんだろう？」©2019 Takashi Saito
Original Japanese language edition published by SEIBUNDO SHINKOSHA Publishing Co.,LTD.
The simplified Chinese translation rights arranged with SEIBUNDO SHINKOSHA Publishing Co.,LTD., Japan through Rightol Media Limited.
（本书中文简体版权经由锐拓传媒取得，Email:copyright@rightol.com）
Simplified Chinese translation copyright © 2023 by CITIC Press Corporation.
ALL RIGHTS RESERVED

本书仅限中国大陆地区发行销售

什么是真正的聪明？
（新手少年的大人生攻略）

著　者：[日] 斋藤孝
译　者：潘咏雪
出版发行：中信出版集团股份有限公司
　　　　　（北京市朝阳区东三环北路27号嘉铭中心　邮编　100020）
承　印　者：北京通州皇家印刷厂

开　本：880mm×1230mm　1/32　印　张：7　字　数：90千字
版　次：2023年9月第1版　　　　　印　次：2025年9月第11次印刷
京权图字：01-2023-2499
书　号：ISBN 978-7-5217-5886-3
定　价：35.00元

版权所有·侵权必究
如有印刷、装订问题，本公司负责调换。
服务热线：400-600-8099
投稿邮箱：author@citicpub.com

目录

引言　　　　　　　　　　　　　　　　　　001

第 1 章　什么是真正的聪明？

致想变聪明的你　　　　　　　　　　　　007

"会学习 = 聪明"吗？　　　　　　　　　010

如何适应现实社会？　　　　　　　　　　011

生存能力变得重要　　　　　　　　　　　013

善用体能也是一种聪明　　　　　　　　　014

前瞻性思维　　　　　　　　　　　　　　017

你能看到多远的未来？　　　　　　　　　019

不要限制自己的可能性　　　　　　　　　021

人能随心所欲地生活吗？　　　　　　　　023

目标是知、仁、勇　　　　　　　　　　　025

第2章 学习是为了什么?

学习应该是快乐的事情	033
学习的意义	035
如何保持学习的热情?	037
一觉得有趣,有趣的事情就会增加	038
教科书是知识的宝库	040
烦复习,烦考试	044
聊天式学习法	045
数学是一种思考方式	047
在内心深处孕育一片多样化森林	049

第3章 为什么要去学校?

不去学校也可以学习	057
学历就像一本通行证	058
现实是残酷的	061
青少年难以控制情绪	063
上学是为了与人打交道	065

适应社会需要练习	068
学会让不开心的事过去	070
给自己留一个紧急出口	072

第 4 章　采用什么样的战略来应对考试？

为学习制定战略	079
"我讨厌选择受到限制"	081
找到适合的方法，就不会感到疲倦	083
寻找一生受用的战术	084
建立信心的支柱	086
英语能力是一大优势	088
掌握考试的诀窍	089
如何学习语文？	091
怎样提高读懂上下文的能力？	093
为什么要学习不擅长的科目？	096
避免偏科	097
努力积累不是无用的	099

第5章 怎么和书打交道?

书是任意门	105
寂寞的时候读书吧!	106
在阅读中寻找共鸣	107
读书需要好奇心	110
越深入书中的世界就越有趣	112
与遥远过去的人相交	114
用聆听去邂逅	116
寻找心灵导师	118
提升词汇能力	121
提升阅读速度	122
让阅读成为一种体验	125
从联系的角度思考问题	126

第6章 你有过沉浸于爱好的体验吗?

喜欢的事情和必须做的事情	135
你有过全情投入的体验吗?	137

"喜欢"和"开心"的回路	138
唤醒沉浸其中的感觉	140
怎么才能拥有热衷于某事的能力？	142
增加爱好的方法	144
爱好带来幸福感	146
不要否定别人的爱好	148
这很好，那也很好，世界就会拓展	149
从爱好中生发出的精神富足	151
讨厌的事情和想做的事情	153

第7章 | 青春期可以叛逆吗？

不要陷入叛逆期！	161
不良情绪会破坏环境	163
聪明人不会散播不良情绪	164
尽管如此，仍要保持好心情	166
从小事做起	168
一个重视良好感觉的社会	169
良好社交的重要性	171

感觉良好排在能力之前	172
暂且保留判断	174
爱好带来愉快的闲聊	176
爱好增加认识人的机会	178
与不熟悉的人打交道	179

第8章 如何聪明地生活？

道路不止一条	187
接受自己的选择	188
这是最好的！	190
用转换的能力改变现实	192
生活有很多选择	194
"反而好"的积极心态	196
不要自暴自弃	199
为了幸福使用头脑吧！	200

结语	203
格言汇总	208

引言

各位读者,大家好。

首先,我要谈谈"聪明"的定义。

我希望你们能**成为真正的聪明人**,这就是我写这本书的目的。

人们经常说"这人很聪明"或"我不够聪明"之类的话,说这些话的依据是什么呢?

我认为,聪明是大脑的一种状态。

人群中,不存在绝对的聪明人和绝对不聪明的人。**每个人都会处于聪明或不聪明的状态。让大脑良好地运作，我们都会变得越来越聪明。**

处于聪明的状态时，你会感觉心情良好。当你理解了以前不懂的事情，你会对自己说："哦，我明白了！"当你做到了以前做不到的事情时，你会想："我成功了！"那一瞬间，好像有一束光闪过你的脑海，你感到神清气爽，精神振奋。

相反，当你不明白或做不到某些事时，你的头脑将陷入迷茫。

如果总是处于聪明的状态，你就会感到心情舒畅。

比较自己的大脑和他人的大脑毫无意义。无论你多么羡慕别人，都不可能与他们交换大脑。人必须一直与自己的头脑共生。与其羡慕别人，不如尽可能地让自己的大脑处于聪明的状态。

聪明能给人类带来幸福。

史前时代，弱小的人类依靠聪明才智在险境中求生，才使得自身不断进化，繁衍生息。可以说，是大脑的发展使得人类得以存留至今。

聪明是人类为了生存拼尽全力获得的能力。**聪明让我们获得幸福。**

聪明是生存的力量。通过变得聪明，你将能够自如地应对眼前的状况并获得改变现实的能力。那么，怎样才能变聪明呢？接下来，我将和你一起思考这个问题。

对于还在上初中或高中的读者，你将获得一个贯穿终身的思维方式。它能丰富你的智慧，使你立于不败之地。

现在，让我们踏上旅程，让自己变得聪明起来，获得改变现实的力量吧！

第 1 章

什么是真正的聪明？

致想变聪明的你

通常,来听我讲课的都是一些想成为教师的大学生。当然,有时我也会去初中和高中给全校学生讲课。

我问那些"想变得更聪明"的初中和高中生,他们到底想要什么。他们说想提高成绩,提高偏差值[①],补上分数差。总之,他们想变得"善于学习"。

对于学生来说,会不会学习是摆在他们面前的主要问题。我非常理解他们的感受。

拿起这本书时,你可能也这么想。

然而,变得聪明就是变得会学习吗?

让我们想一想,什么是"会学习"。

一些会学习的人或者学习能力强的人,从骨子

---

① 偏差值,也叫相对平均值的偏差数值。在日本,偏差值是学生学习能力的反映,能够看出单个考生的成绩在所有考生中所处的水准。——编者注

里是聪明的。这些人有很高的智力水平，他们会说："我不需要学习，只要听听课，读一遍课本，就能把知识记在脑子里。"

确实有这样的人，但数量不多。即使你想破脑袋，也永远不可能像他们一样。

绝大多数"会学习"的人不做无用的事，而是做正确的事。他们从点滴开始积累，勤勤恳恳做事。

放在学习上来说，如果你理解、牢记并能复述课堂上所学的知识，就会在考试中取得好成绩。要做到这一点，你必须打起精神，持续不断地付出努力，例如平时课前课后要及时地预习和复习，临近考试时集中精力备考。

每个人都愿意为自己喜欢的事付出努力，但是面对学习，我们往往缺乏动力。

我自己也是这样：可以满怀热情地做喜欢做的事，但讨厌学习。

结果，我却选择了一条布满考试的道路。从初中、高中到大学，再到研究生，我比其他人经历了更多的考试。你是不是不理解这种选择？

我为什么要走这样一条坎坷的路？

因为我意识到：**如果不克服眼前的障碍，我就无法欣赏前面更有趣的风景，也没有机会去做我想做的事情**。我想享受未来的自由，所以我必须战胜考试。

经历这些之后，我可以肯定地说，通过考试达到目标能够磨炼我的"硬功夫"，让我获得原本不具备的能力。

行动的关键，是先搞清楚"为什么"。为什么要会学习？为什么要变得更聪明？这些问题都值得好好思考。答案可以是"想变得受欢迎"，也可以是"想成为有钱人"。

为什么而做？这个设问并不重要，重要的是让这个问题的答案成为你的动力。

"会学习＝聪明"吗？

在学校，你的学习成果通过可见的数字呈现出来，所以人们习惯以考试成绩来对你进行评判。

会不会学习似乎变成衡量聪明与否的绝对标准。然而，情况并非如此。

一旦你从学校出来进入劳动力市场，衡量聪明与否的标准就会骤然改变：从"会学习"变成了"能够适应社会"。

我认为会学习是件好事。会总比不会好。

然而，学习好不代表走入社会后就能做一个聪明人。如果不能适应社会，学习再好也无济于事。

有的人从一流大学毕业，工作后却不能与周围的人很好地沟通。他们对自己要做的事情没有一个明确的概念，虽然读了很多书，却无法在社会上立足。

上学时，身边人称赞他们"会学习""聪明""了不起"，可一旦走上工作岗位，他们就被打入冷宫，自尊心也崩塌了。

还有些人拥有很高的学历和社会地位,却触犯法律。新闻中可以读到此类报道:一些人自命不凡,公然做出违反社会规则的事。

无论一个人的学业多么出色,如果他不明对错、不辨是非,那么他在本质上并不聪明。

如何适应现实社会?

另一方面,世界上有很多人讨厌学校的功课,成绩也不好,但他们成年后却在社会上非常活跃并取得了成功。

他们的天赋是在成年后突然发展起来的吗?

不,也许**这些人从小就拥有一种无法用考试分数或学习成绩衡量的智慧。**

学校里传统的考试很多无法看出一个人的创新思维、沟通能力和激励他人的能力。换句话说,这些人所表现出来的聪明才智就是"如何在社会上好好生活"。

善于学习、取得优异的成绩意味着你在某方面很聪明，但聪明的定义并非那样绝对。

从学校毕业后，你需要的是强大的社会适应能力。

现代社会，人类的平均寿命越来越长。这意味着离开学校后的 50 或 60 年里，你都需要"生存的智慧"。适应社会的能力就是你需要终身学习的生存智慧。

这并不意味着你不需要学习。学习是对大脑的基本训练。当你在一个可以学习的环境中，你应该学习。

如果轻视学习，你以后的生活会很辛苦。这是我作为一个成年人，想对年轻人反复强调的事。

生存能力变得重要

在学校教育中,学习能力的培养重点正在发生改变。

过去,学习能力主要体现在获取知识、记忆知识和根据习得的知识回答问题上。现在,学习能力转向强调发展思考能力、判断能力、表达能力以及个人的学习欲望。

学生应该有独立思考的能力,有自己的观点,并与他人展开讨论。他们要能够发现问题,探索问题,研究问题。

主动、互动和深度学习是当下流行的学习概念。

相应地,衡量学习能力的标准也在发生变化。

一个人的知识水平很容易通过考试判断。然而,用传统的考卷很难衡量基于独立思考的新的学习能力。因此,越来越多的测试开始以小论文、自我展示或面试的形式进行。

独立思考并用自己的方式表达，这是一项"聪明"的生存技能，可以在走入社会后为你所用。

我希望你们获得的正是这种学习能力和聪明。

"变得更聪明"是指掌握我们生活中所需的技能，这也是我们学习的目的。没有人不聪明，每个人都具备可以努力习得的"硬功夫"。

怎样发展出自己的优势？就看你希望把它用在哪里。

善用体能也是一种聪明

当我看到一流运动员在赛场上活跃的身影时，我觉得他们非常聪明。为什么他们在比赛和表演中有那么出色的表现呢？

运动员之所以能够自如地运用自己的身体，是因为他们的大脑发出了指令。他们掌握了无法用语言解释的复杂动作要领和身体使用方法，迅速、敏捷地行动。只要大脑需要，他们就能够即刻翻译成肢体语言。

我认为，**善于协调自己身体的人是聪明的。**

这不仅体现在体育方面，还体现在舞蹈和演奏方面。活跃在歌舞伎①和狂言②等传统艺术领域的人也非常聪明。**能够娴熟地活动身体，意味着大脑和身体能够迅速配合。**他们的神经回路极为发达，非常善于利用自己的大脑协调身体工作。

得益于脑科学研究的最新进展，人们对"足球大脑③"或"棒球大脑"等大脑的工作方式与运动员的表现能力之间的关系有了科学的认识。如今，人们普遍认识到，能够成为一流运动员的人都善于使用大脑。

所以，适当地在学习之余参与社团活动是好事，

---

① 日本独有的艺术形式，2005 年被联合国教科文组织列为非物质文化遗产。——译者注
② 日本独有的艺术形式，与能剧、歌舞伎、文乐并称日本四大古典戏剧。——译者注
③ 有对足球运动做出更好的判断和决策的能力。——译者注

因为这也是提高智力的一种方式。

怎样才能跑得更快？怎样才能传好球？怎样利用机会球？怎样高速旋转身体……想要精进技术的人无时无刻不在思考"现在需要做什么"。

肌肉训练也一样，仅仅活动身体和出汗是不够的，重要的是思考需要锻炼哪些肌肉，这么做的目的是什么。

我有幸采访过活跃在体育界、娱乐界的各类名人。当我与奥运金牌得主室伏广治（链球）和野村忠宏（柔道）这些人物交谈时，我感觉到他们思路清晰，表达明确。

他们总是在思考"现在需要做什么"以及"为什么"，而且清楚地知道应该怎么做。他们懂得在当下找到最适合自己的东西，以及如何面对挑战。

要提高某种能力，既需要悟性，也需要熟练。优秀的运动员不仅悟性好，对技巧的熟练程度也不容小觑。

这表明，聪明是可以通过磨炼获得的。

前瞻性思维

当一个人只考虑提高身体的灵活性时，他不难发现当下该做什么。但要想在某个领域获得持续的成功，做好一时是不够的，还要提前考虑下一次，再下一次，并能根据预期的目标前推现在应该做什么。

前瞻性思维，是一项重要的生存技能。

与其等到危险的敌人出现在面前才思考如何抵御，不如提早做好准备。这样，你才能更快地逃脱，才有充足的时间思考应对的办法。

只有不断地移动和观察，你才能看到前方的情况。

持续思考如何通过现在的努力让未来的自己变得更好、更强、更胜一筹，是非常聪明的举动。

这和下围棋和象棋是一样的道理。

如果我走这一步棋，对手会如何反应？如果我进攻，对手会怎么做？如果我防守，对手又会怎么做？你需要一边下棋，一边做出预测。

不仅知道现在应该做什么，还要考虑下一步该如何行动，这才是聪明的生活方式。

上中学的时候，许多人认为成为大人是一个漫长的过程，不必急于考虑未来。即便如此，你也不可以放弃具体的思考。

思考未来不仅仅是描绘未来的生活，还是为现在的你和未来的你创造连接。

可以说，在通往未来的每一天，你都在编织密致的节点。

一个又一个节点组成一条线，变成连接现在的你和未来的你之间的桥梁。而你目前的行动就是通向未来的节点之一。

例如，如果你想成为一名医生，就得上大学。

考上医学院很困难。所以，很多想成为医生的人从初中就开始准备考试。

有些人对未来缺少明确的规划，浑浑噩噩地度过了初中和高中。在选择大学的时候，他们心血来潮把目标定在了医学院。他们心想，也许医生是一个不错的选择，但却不知道，此时才开始准备已经太晚了。

如果这时他们才发现，没有学"数学3"[①]，可以申请的医学院很少，那就太吃亏了。

将身心牢牢地锁定在你想要达到的目标上吧。

也许**只是一个很小的节点，但只要做好选择**，就可能改变你未来的人生走向。

你能看到多远的未来？

从小就有目标的人，会将能量倾注在目标上。

---

① 日本高中数学科目之一。日本许多与科学有关的本科院系（特别是科学和工程学院，以及医学、牙科和药学）都将其纳入入学考试范围。——译者注

从事体育运动或跳舞的人，学习乐器或唱歌的人，大都梦想着成为一名专业人士。无论是否能成为真正的专业人士，他们都在认真寻找方法、规划路径，来接近这个目标。

上小学或初中前，我们就开始考虑去哪里上学，以及需要为此做哪些准备。梦想成为糕点师或宠物美容师的人也会考虑去哪些学校磨炼他们的技能。

而那些不知道自己想做什么的人，因为不能具体地设想未来，往往在茫然中度日。其实，越是这样的人，就越要考虑拓展自己的可能性。

如果你对未来没有一个明确的目标，从现在开始，你就应该为能够进入任何领域做准备。

这意味着你**必须学习**。

这是学习的一个原因。**如果你不确定该做什么，那就先学习**吧。

当你获得了广泛的知识，你就能成为你想成为的人。这样，你就做好了应对未来的准备，也是现在的你可以为未来的你做的。你可以称之为前期投资。

与朋友谈谈未来。如果你们认真地谈论这个问题，你就会发现有些人正在稳步地为未来做准备。

不要限制自己的可能性

尽可能为未来的自己留下广泛的可能性。

如果你问："好吧，那我应该做什么呢？"我想你需要给自己留有多种选择。

打个比方，如果你不擅长数学，就很容易放弃它，说"我不想学数学"。在日本的初中，数学是必修课，但在高中却可以选修。如果仅仅因为当下不喜欢数学而放弃这个科目，正如我前面提到的，当你想考理科的专业时，你的选择就会受到限制。化学和物理也是一样的道理。

即使你不擅长，还是要继续学下去，因为它会为你的未来多提供一项选择。不要做那些限制自己可能性的事。

如果你不确定是否要上大学,我会建议你去。

哪怕你只有一个模糊的想法,例如想成为一名教师,你就需要在课程中学习相应的知识。所以,你应该考虑去上哪所大学,而不是考虑是否应该继续接受高等教育。

大多数正在考虑这个问题的人还不知道他们将来要做什么。他们想做的事情并不具体。此外,他们的家庭经济状况不是很好,所以他们在权衡离开高中去找一份工作是否会更好。

金钱的确不是一个容易解决的问题,但没有明确目标的人更应该去读大学,以此扩大未来职业的可能性。与高中毕业后就找工作相比,**大学毕业获得的学位对可选择的工作类型和收入更有利**。

有些人不想一辈子背负贷款。他们说:"我负担不起,即使我得到了贷款,也没有信心能把钱还上。"

即便如此,还是要上大学。因为从长远来看,这往往是正确的决定。

如果你清楚地知道自己想做的事情，去职业学校学习专业知识和技能是不错的选择。但如果你不确定自己想做什么，大学是一个很好的尝试机会。

最好尽可能地拓展你未来的可能性。

人能随心所欲地生活吗？

即使一个人热衷于体育、音乐或其他任何事情，他也不一定想成为这方面的专家。很多人只是出于喜欢才去做这些。

也许你觉得，把自己喜爱的事情当作职业会很享受，但现实未必如此。

每个人都会面对现实的打压。

即使竭尽全力成为一名职业运动员，在体育界活跃的时间也十分有限。在一个普通的职业中，人们可以工作30到40年。然而就运动员而言，他们的巅峰时期往往止步于 35 岁左右。如何面对余生，这个问题必须提早考虑。

拥有自己喜爱和热衷的事非常重要，**但基本上没有人可以一辈子只做自己喜欢的事情。**这就是我的看法。

有些人想一辈子玩游戏，以为从此便可以过上幸福的生活。

有人说："父母留给我一套房，我只需要每月赚 10 万块钱①，后半生就都可以用来打游戏了。"

他住在父母的房子里，水电费由父母支付，食物也由父母提供。他想，如果父母能活到八十或九十岁，他就可以一辈子玩游戏，这样的生活对他来说很好，他很幸福。

然而有一天，他遇到了喜欢的人，想结婚了。

于是，他有了与之前完全不同的想法。他想从父

---

① 10 万日元，折合人民币约 5000 元。——译者注

母那里独立出去，和心爱的人一起组建一个家庭。于是他又想："我必须从事一份体面的工作。"

当环境发生变化时，人的想法也会发生变化。

因为我们是人，我们的感觉会变。所以，你需要确保自己最终不会后悔。不要到时候说"我当时应该学习"或"我应该做这个的"。

为了将来不让自己感到为难，就要把现在能做的都做好。尽可能确保自己在未来有更多的选择，因为你不知道未来将如何变化。

也就是说，**不要把你的潜力扼杀在萌芽的状态**，因为它是面对现实、改变现实的力量。

目标是知、仁、勇

什么是预测能力呢？

参加抢答节目时，尽管还没有听完整个问题，你就已经猜到答案，迅速按下按钮说了出来。这就是预测能力。

能做到这一点，**是因为你有能力思考问题背后的各种联系，而不仅仅拥有零散的知识。**

"我打赌这就是文章后面要出的问题。"在积累知识的同时，能够理清问题的脉络，并作出预测，这就是瞬间能表现出来预测能力的原因。

当然，如果一个人针对问题做过大量预测练习，也能在实际生活中表现出同样的能力，这就另当别论了。

在现实生活中，我认为**预测能力是聪明的一个重要表现。**

能够预测未来的事被称为"具有先见之明"。这个能力很重要。

要做到这一点，就必须了解你现在所处的位置，并预测几年后你可能在的位置，然后把这些点连成一条线。

你需要养成思考未来的习惯，而不是只考虑眼前的感觉，挑最容易的来做。

此外，**要有坚定的志向和热情的心**。只有满怀激情，才能勇往直前。拥有不惜一切代价都要完成的强烈愿望，你就会主动思考"我现在应该做什么"。

真正的聪明不仅仅指拥有知识。知（判断力）、仁（诚意）和勇（行动力）这三个要素缺一不可。

知：拥有知识、判断力以及看清事物本质的能力。

仁：以真诚和同情心与人打交道。

勇：具有采取行动的力量和勇气。

如果你要想拥有知、仁、勇，就需要雄心和激情。

第 1 条

格言

真正的智慧建立在
知（判断力）、
仁（诚意）、
勇（行动力）上。

第1章 什么是真正的聪明？ | 029

第 2 章

学习是为了什么？

学习应该是快乐的事情

"我为什么要学习?"初中阶段,大概每个人都问过这样的问题。就算有人告诉他们,学习是为了拓宽未来的可能性或者获得生存的技能,他们也不理解。即便那些擅长解方程式或阅读古文的人,也会觉得在日常生活中并不需要这些。

思考"为什么"非常重要,但如果因此受到掣肘,难以前进,那可就麻烦了。

"学习有什么意义?"

"学习没有什么用。"

对学习的负面印象会使人失去学习的动力。

回想一下小学的时候。当你背着崭新的书包去上学时,难道不高兴吗?那时,学习是你非常讨厌的事情吗?回家的时候,你难道不曾兴奋地跟父母说"今天在学校做了XXX"吗?

小学生就是这样。他们对未知的和从未尝试的事情充满好奇，对知识的兴趣非常强烈。每个人都有过相似的经历。

没有人天生就不喜欢学习。

然而，随着时间的推移，不喜欢的感觉逐渐超过了好奇心。各种讨厌学习的诱因出现了：

· 上课很烦闷，很无聊

· 做作业很麻烦

· 考试的分数不好

· 家长总是唠叨："快学习！""快做作业！"

· 讨厌老师

· 被拿去与其他人比较

……………

这些负面体验会让人觉得学习很烦，没有意思。渐渐地，我们对学习的好奇心减少了，只对擅长的科目或学习以外的事情才提得起劲。

这时，我们需要思考一下：学习这件事有什么意义呢？

学习的意义

有明确目标的人很少有这样的困惑。将来想成为什么样的人？为了实现这个目标，大学里应该学什么专业？现在应该做什么？想明白这些，我们就懂得了学习的意义。

而那些没有找到具体目标的人则陷入了迷茫。他们不知道自己要做什么，于是很难在学习中找到意义。

这种情况下，为什么不试试把学习当作仅仅是**为了变得更聪明**呢？不是为了提高考试成绩，而是让头脑更好地工作。

大脑不会自己变聪明，它需要我们不断地训练。

学习是提高智力最有效的训练，也是一种拓展自己的方式。当你学到了一些东西，你就比以前多知道了一些事。积极地接受新事物对你来说不是一件坏事。这就如同在角色扮演游戏中，掌握越多角色的知识，你的舞台就越大。

你知道吗，**有些事情做了以后才会产生干劲。**对一件事有干劲，你自然会做出努力。但即使完全没有干劲，只要继续努力，也有可能得到满意的结果，逐渐变得有干劲。大脑确实有这样一个机制。

例如，当你勉为其难地做英语作业时，刚开始很不情愿，但还是着手做了。谁料进展顺利，不一会儿就做完了，于是你想："既然如此，我可以做得更多更好。"这样的经历是不是似曾相识？

有些事，尽管起初你不乐意，但碍于必须做，慢慢就变得喜欢做了。干劲不一定先到，它常常产生在你行动之后。

"我必须这样做！"

"酝酿干劲!"

这也不失为一种方法。

如何保持学习的热情?

很多学生在初中阶段容易陷入懒惰的思维模式:**如果别无他选,做起来就容易多了!**

上小学时,很多事情都是随大众的。去补习班和喜不喜欢学习没有什么关系。因为朋友去了,所以自己也想去。初中入学考试也是,有父母鼓励,才会努力一下。与其说是靠孩子自己的力量考进初中,不如说是父母和孩子共同努力的结果。

但是,中学以后的学业,如果自己不在意的话,父母再怎么说也于事无补。那么,我们该如何面对呢?于是你开始思考为什么要学习。

学习这件事,按照自己的意愿去做很重要。如果觉得自己是被迫的,心中就会有逆反或逃跑的想法。

即使面对不得不做的事，也要记住这是自己的选择，不是被人强迫才做。这点很重要。

你知道保持学习的热情需要什么吗？

好奇心。

好奇心能够让我们重拾小时候对知识的兴趣。

在英语里，学生对应的单词是 student。这个词起源于拉丁语，原意是热情的人、努力工作的人。也就是说，I am a student 不仅仅意味着我是一名学生，还意味着我是一个热衷于学习的人。请注意这一点。

一觉得有趣，有趣的事情就会增加

我小的时候，互联网还没出现。当时的我们要想获知新鲜有趣的事物，只能依靠电视、广播和杂志。

上初中时，我开始听深夜广播。我从广播里第一次接触到西方音乐。起初，我觉得那是胡言乱语，但后来，我发觉它们实在是太酷了。我感觉自己踏入了成人的世界。

现在的孩子从小学就开始学英语了，不像我们，初中才开始接触英语。

当我在英语课上学到 yesterday 这个词时，我想起了披头士的歌曲《Yesterday》，顿时觉得有点听懂了。我回去听这首歌，先看翻译成日文的歌词，再对照英文歌词。"哦，原来这首歌是这个意思！"我以一个中学生的英语水平尝试去理解它。

就这样，我开始一首接一首地听披头士的歌曲，比如《Help!》《Hey Jude》《Let It Be》。

我对西方音乐的兴趣得益于英语学习。**英语扩大了我对西方音乐的兴趣。**

还记得一节英语课上，我们有一个听力测试——听约翰·丹佛的歌曲《Sunshine on My Shoulders》并写下歌词。我因为做不到，感到很沮丧。于是，我开始更加努力地听不同类型的音乐。

我迷上了西方音乐，这让我对英语产生了兴趣。

如今，年轻一代有更多的机会接触英语。比如在视频网站上可以轻松看到外国人的视频，在日本歌曲中也常常听到英语单词。这个单词是什么意思呢？带着这样的好奇心，你就会有更多机会了解它们。

不要把英语看作一门学习科目，而是把它当成一种工具，一种可以让你发现许多有趣事物的工具。

教科书是知识的宝库

我喜欢学习全新的、未知的事物。

当我在化学课上第一次看到元素周期表时，我感到非常激动。所有的元素都被总结在一张表中。也就是说，浩瀚宇宙中的所有物质都可以用这里列出的元素来解释（尽管现在有人说有一种叫作暗物质的东西，可我们谁都没有见过它）。这不是很神奇吗？

最早提出元素周期表的科学家真了不起。当然，

1																	18
H	2											13	14	15	16	17	He
Li	Be											B	C	N	O	F	Ne
Na	Mg	3	4	5	6	7	8	9	10	11	12	Al	Si	P	S	Cl	Ar
K	Ca	Sc	Ti	V	Cr	Mn	Fe	Co	Ni	Cu	Zn	Ga	Ge	As	Se	Br	Kr
Rb	Sr	Y	Zr	Nb	Mo	Tc	Ru	Rh	Pd	Ag	Cd	In	Sn	Sb	Te	I	Xe
Cs	Ba	*1	Hf	Ta	W	Re	Os	Ir	Pt	Au	Hg	Tl	Pb	Bi	Po	At	Rn
Fr	Ra	*2	Rf	Db	Sg	Bh	Hs	Mt	Ds	Rg	Cn	Nh	Fl	Mc	Lv	Ts	Og

*1	La	Ce	Pr	Nd	Pm	Sm	Eu	Gd	Tb	Dy	Ho	Er	Tm	Yb	Lu
*2	Ac	Th	Pa	U	Np	Pu	Am	Cm	Bk	Cf	Es	Fm	Md	No	Lr

元素周期表

科学在不断进步，新的发现不断涌现。新的化学元素陆续被发现，并被添加到周期表中。

元素周期表汇聚了多少科学家的智慧？它是如此令人感动，以至于你想："如果这都不能打动我，还有什么能感动我呢？"这么一想，你就不会觉得化学讨厌了。姑且不提在测试中能不能取得好成绩，至少你对化学讨厌不起来了。

当我读到古典文学作品《徒然草》①时，我想："哇，兼好法师似乎是一个很健谈的僧人。"从他身上我们可以学到很多东西。

书中有这样一个故事。一位爬树高手让人爬到树上砍树枝。那人砍完树枝下降到了屋檐那么高时，他对那人说："不要马虎，小心一点儿。"在更高更危险的地方，他什么也没说，却在看上去可以安全着陆的高度提醒那人。兼好法师觉得奇怪，于是向他讨教。

爬树高手说："在树枝盘绕的危险地带，人会因为害怕而格外小心。错误往往都是出现在你觉得简单的地方。"

兼好法师听后说："人容易在有把握的地方犯错，而不是在感到困难的地方。"

我立即联想到了社团组织的网球比赛，心想：

---

① 日本南北朝时期歌人吉田兼好的作品，与清少纳言的《枕草子》和鸭长明的《方丈记》并称为日本三大随笔。吉田兼好，又称兼好法师。——编者注

"嗯，确实如此。"

《徒然草》里面记录了很多这样的故事。兼好法师听了爬树高手和许多其他人的话，一边想着"确实如此"，一边把它们记录下来。如果没有兼好法师的记录，我们永远不会知道这些故事。

我就想："兼好法师太了不起了。如果附近的寺庙里有个和尚能给我讲这样的故事，我会很乐意听。"

学校的学习经历和教科书里的故事，实际上是一个鼓舞人心的知识宝库。

教科书以通俗易懂的方式总结了人类的智慧，你可以从中学到看待问题的不同角度。所以，我喜欢提前阅读教科书中有趣的部分，而不是等到课堂上讲才看。提前知道我们要学习什么很有意思。

烦复习，烦考试

"什么嘛，斋藤老师不一样，他毕竟真的喜欢学习。"你可能这么认为。

其实，我是一个爱玩又好奇心强的孩子，喜欢学习新事物。我不喜欢基础知识和复习。我对做过的事情提不起兴趣。

我不喜欢复习基础知识，所以根本无法激励自己为考试而学习。

上初中的时候，有一次期中考试，我的数学考得一塌糊涂。我心情沮丧地和一个好朋友聊天。

他问我："你有没有做学校给的题集？如果你做了，就不会考不好。"

"欸，那是什么？"

"这个，看。"

那是一本名为《基础题集》的薄册子。我一看到"基础"这个词就扔一边了，根本就没有做过。事实上，我完全忘记了它的存在。它是学校发的补充读物，我本应该做的。

"原来如此，要回顾一下基础知识……"

我一做完这本《基础题集》，考试成绩就提高了。所以，基础知识很重要！

聊天式学习法

有没有可以轻松学习的方法呢？一直以来，我都在思考这个问题。

与朋友讨论后，我们想出了一个计划。

大约在期中和期末考试前两周，我们决定一起复习。我们阅读课本的同一页并记住它们，然后把自己学到的东西复述给对方。**一个人讲述，另一个人边听边检查是否有错误。**一人讲完了就换另一个，轮流进行。

和其他人谈论学到的东西,我把它称为"聊天式学习法"。

当你一个人学习的时候,常常有已经学会了的错觉。两个人则不会。我无法向人们讲解自己一知半解的知识,不能胡说八道。因此,为了在聊天时能够讲好它们,我必须把知识牢牢地记在脑子里,然后用自己的语言表达出来。

我在学习时使用了这种方法。最终,我和这位朋友一起考上了东京大学。

这种聊天式学习法能够有效地帮助记忆,而且**感觉非常好,好像我的头脑运转得越来越快了。**

从此,除了学习,我们还会一起谈论阅读的书籍和课外获得的知识。

如果记忆是输入,那么说话就是输出。输出能让大脑更好地工作。"输出学习法"就是快乐学习的秘诀。

我想，说话也是一种训练。通过说话，我能够越来越迅速、越来越顺畅地输出知识。每当我读到一本书或在电视上学到一些东西时，我就会想："哦，如果我把这个和那个联系起来并加以解释，该多么有意思。"

我从事教育的工作，就是以此为出发点的。

数学是一种思考方式

上高中时，我对数学的看法完全改变了。

有一天，补习班的数学老师看着我的解题过程说："答案是正确的，斋藤，但不够漂亮。"

"不漂亮？"

我很惊讶。我无法将解数学题和"漂亮"这个词联系起来。于是，老师向我演示了另一种解题方法。的确，这种方式更简单。不仅简洁，而且漂亮。

我恍然大悟。

有一些解题方法很烦琐，涉及大量的计算。但只要深入思考一下，就可以找到更好的方法。这是我从这件事里学到的。

另外，我还学到：当我们能系统地思考问题时，事情就会变得简洁、漂亮。

我真切地感受到，**数学是一种思考问题时采用的逻辑思维，一种思考方式。**

常听人说："初中和高中时学的数学，日常生活中根本用不上，只要会算术就足够了。"

事实并非如此。即使不做因式分解，因式分解背后的思维方式也很有用。**如果把看上去没有头绪的数值拆分开来，分别放入括号里，头脑就会变得十分清爽。**这也可以作为一种思考和整理思绪的方式，就像"让我们把它们放在括号里"一样。以这种方式看问题，和认定一种解决方式并为所有的烦琐埋单，哪一个更容易？

了解越多不同的思维方式，你的思维就会越自由，生活也就越容易。

在内心深处孕育一片多样化森林

学习能拓展自己。

一些成年人可能会说"不需要学习"或者"还有比学习更重要的事情要做"。听到这些话，你可能会说："啊，不学习也没有关系吗？太好啦！"于是很容易就忽视了学习的重要性。

把这种话当真是很危险的。有什么比学习更重要的呢？作为学生，现在不学习将来会有好的发展吗？恐怕没有人能给出令人信服的答案。

世界上有许多不同文化的国家和社会。如果有比学习更重要的事情，需要你在十几岁的时候先把这些事情做好，那么这样的社会早就应该存在了。

但在 21 世纪，这样的社会并不存在。

实际情况是，许多儿童因为贫穷无法上学。人们相信，无论他们生活在什么样的社会，都不应该被剥夺学习的权利。

学习是没有坏处的。

即使目前看来没有用，学了肯定比不学要好。

"我们为什么要学习？"

在回答这个问题时，我经常告诉大学生：**"学习就是在你的内心深处孕育一片多样化森林。"**

通过学习，你可以获得各种前辈的智慧，掌握看待事物的不同方式，从而丰富和拓展自己。**任何时候，我们都可以依靠自己的力量，活出精彩的人生。这就是学习的意义所在。**

多样化森林是指种植着各种不同类型树木的森林。

如果一片森林只生长一种树木，一旦大量的昆虫来破坏这种树木，整个森林就会被摧毁。如果森林里种植着不同类型的树木，就不容易覆灭。即便一种树木抵挡不了虫群的袭击，另外一些也可以。换句话说，多样化的优势在于，一种思维方式行不通的时候，就用另一种思维方式。

学习的目的就是在自己的内心深处孕育一片多样化森林。

第 2 条

格言

学习让你拥有更轻松的生活。认知和思考的喜悦为人生增添欢欣和活力。

第 2 章　学习是为了什么？　| 053

第 3 章

为什么要去学校?

不去学校也可以学习

现在,不想上学的人越来越多。

不上学的原因五花八门。有些人仅仅因为不想去学校,有些人是因为身体不好去不了。

即使没有明显的原因,诸如"我被欺负了"或"我学不下去"等等,孩子们仍然可能不去上学。

"我为什么要去上学?"

"我不知道为什么必须去。"

有这种疑问的人不在少数。

如果上学是为了学习,那么现在有很多其他的方式可以代替上学。即使不去正规的学校,也可以获得知识。比如在互联网上学习函授课程,找家庭教师,去补习班……还有一些地方,如免费学校和适应性指导班①，也可以帮助不上学的人获得知识。

即使不再去学校，仍然可以继续学习。那么，为什么还要上学呢？

学历就像一本通行证

在江户时代的日本，旅行是需要许可证的，也就是通行证，相当于今天的护照。你必须在关卡处出示通行证，才能去其他地方旅行。

在当今的社会，一个人所达到的教育水平就如同工作人士的通行证。

初中毕业生和高中毕业生可以做的工作是不同的，工资也不同。高中毕业生与大学毕业生可以从事的工作也不一样。

---

① 日本的一种教育支持机构，为长期失学的儿童提供咨询和指导，旨在通过学习课程、参加体育活动、体验创造性活动等方式帮助他们重返学校生活。——编者注

更重要的是，从哪个大学毕业对你能否成功进入职场有很大的影响。换句话说，毕业的学校类型决定了你初入社会时的地位。这就是学历社会。这条规则在全世界通用。

当然，与过去相比，现在整个社会对学历的重视程度有所降低。

过去，人们认为，只要考上一所好大学，在一家大公司找到一份工作，就会获得良好的待遇和优厚的报酬，从此过上稳定、幸福的生活。一旦获得一份工作，你将会被终身雇用，可以为公司工作一辈子，所以你的教育背景是非常重要的。

然而现在，即使是大公司也会突然面临破产或重组。一个人从学校毕业后持续为一家公司工作一辈子的可能性变得越来越小。

越来越多的人被雇用，获得职位晋升，更多的是因为他们的能力和过去的表现，而不仅仅依靠教育背景。

从这个方面来说，我们有了更多的自由。

但这种情况只存在于一部分公司。重视学历的社会状况并没有明显地改变。

虽然并非一切都由学历决定，但受过高等教育的人在以下几个方面是有优势的。

首先，受过高等教育的人在入职考试方面有优势。如果两个人在笔试中成绩相当，公司必须在他们之间做出选择，那么大学毕业的人更有可能被聘用。

其次，受过高等教育的人有更多的选择。我也希望跟你说"学历并不重要，只要你愿意去做"，但你的教育背景可能无法让你和其他人站在同一起跑线上。

最后，受过高等教育的人拥有更多的收入。他们能够从事收入较高的工作，更容易挣到钱。

这就是社会的真实情况。

现实是残酷的

"我不喜欢这样的社会。"

"我不认为去好的学校或好的公司会让我快乐。我不想进入这个赛道。"

有些人可能会这么想。

你可以认为你不需要这样的通行证,这是你的自由。但为了生存,你必须工作和挣钱。你早晚都要面对这个现实。

假如你高中辍学想找份工作,你很快就会遇到现实的壁垒。高中辍学生,意味着你的学历是初中。你能做的工作类型极其有限,收入也很低,而且那种工作往往充满危险和艰辛。

到了找工作的时候,你会惊讶地发现壁垒比想象的还要厚,才明白社会的残酷。

事实上,很多人高中辍学后会重新考虑回去学习。

很多人开始想:"我想再次回到高中","我想获得高中文凭"或"我也想上大学"。

有一些考试可以让你在不上高中的情况下获得高中毕业证书。比如大学入学资格考试,现在叫作高中毕业水平认定考试。这是一个判定参加者具有高中毕业同等学力,并使其有资格参加大学、职业学校等的入学考试的制度。

在我教书的大学里,有一些学生通过这项制度被大学录取了。所以你看,即使不上高中,也可以继续上大学[1]。

因此,完全有可能重新开始。

重新开始的方式有很多种。与专注上学相比,边工作边备考需要付出更多的精力。

虽然不上学也能在社会上生活,但这不是一条容易的路。所以,我希望你们不要因为"我不想再学

---

[1] 文中描述的是日本的情况。在中国,没有高中学籍但具有同等学力的社会青年可以以社会考生的身份参加高考。——编者注

了"这样冲动的想法而放弃上学。

青少年难以控制情绪

上初中时，有些人的体格已经和成年人差不多了，但他们的大脑和身体仍然在发育，所以还不能算是成年人。青春期激素是不稳定的，因此青少年在许多方面都与成年人不同。

最近的神经科学研究表明，青少年的大脑发育是不完全的。根据弗朗西斯·詹森博士的《青春期的烦"脑"》一书，青少年时期是学习能力的黄金时期。由于无法控制自己高速运转的大脑，他们更容易生气。

越来越多证据表明，青少年的大脑在控制情绪方面有困难。

前额叶皮质是大脑中控制情绪和冲动的部分。当前额叶皮质正常工作并与大脑的其他部分连接良好时，冲动的情绪就会得到较好的控制。但据说前额叶皮质成熟得最晚。

换句话说，大脑中抑制冲动的机能是最后才完成的。初中和高中生正处于大脑发育的过渡阶段，因此他们很难控制自己的情绪。

据说，人们之所以容易出现不稳定的情绪，变得易怒和暴躁，是因为青春期活跃的激素刺激了大脑的杏仁核。激素导致杏仁核反应过度，造成焦虑和恐惧的感觉膨胀，更容易引起情绪的爆发。

当前额叶皮质发展到能够很好地控制情绪时，人就会更容易平静下来。前额叶皮质位于前额附近，能够通过学习得到发育，比如朗读。所以说，学习有助于控制情绪。

在初中和高中阶段，人们常说自己控制不住情绪，容易发怒，变得自暴自弃，总是冲动地做出一些事后后悔的事。你可能也有同感。

与其说是思想或性格有问题,不如说是青春期的大脑和身体状态使你们这样做。

熬过这些年,就不会像现在这样容易激动了。随着大脑逐渐成熟,我们的情绪也会趋于平稳,短暂的情绪爆发减少了。那时,你将能够更加冷静地看待问题。

我希望你知道并牢记这一点,不要因为一时冲动而深深地伤害别人、辍学或者自杀……

上学是为了与人打交道

现在,让我们回到为什么要上学的问题上。

虽然说学校是一个学习的地方,但学校能提供给你的不只是学习的环境。**每天去学校与其他人交流也很有意义。** 作为团体的一部分,你可以学会按照团体的规则生活，还可以培养与其他人相处的能力。

学校将来自各种各样环境的人聚集在一起。这些人具有不同的教养、性格和思维方式。有些人彼此间相处得很好，有些人则不然。

学校是一个小社会。作为该社会的一员，参与的各种集体活动是**对社会生活的练习和预演**。也就是说，每天早上，你都要去学校上课，和朋友们一起欢笑、生气、担心或哭泣，并为不怎么有趣的考试而学习。**只要每天待在那里就可以了。**

如果你去上学，你就会掌握在社会上生活的窍门。这就是上学的好处，或者说最重要的意义。

事实上，最好与不同年龄的人混在一起，这样你可以更接近真实的社会。例如，在俱乐部的活动中，由于上下年级之间存在年龄的差异，你将会在一两年内学习如何与年长和年轻的人相处。这样的经验让你在与不同年龄的人打交道时能够应对自如。

换句话说，学校是一个让人习惯与其他人相处的地方。

你有没有走过交通繁忙的十字路口？在这个地方，人们横穿、斜行。在日本，最著名的十字路口在东京涩谷站前。行人的数量很多时，一个绿灯的间隙约有3000人同时穿过路口。

外国游客经常在这里拍照和录像。因为他们觉得很有趣——那么多人擦肩而过却没发生碰撞，不给对方造成任何麻烦。在国外也有争相过马路的情况，但这么多人毫无顾忌地擦肩而过，似乎并不常见。一个外国人说："我很好奇，日本人是怎么掌握这种过马路的技巧的呢？"

不习惯在拥挤的地方行走的人，不敢在这样的路口行走。他们迈不开腿，因为怕撞到迎面来的人。他们觉得自己的脚像被卡住了一样。

其实，你不需要任何特殊的技能就能轻松地穿过一个这样的十字路口。你**需要的是习惯**。习惯人与人之间的距离感，习惯人与人之间的间隙，习惯某种速度。一旦你习惯了这些东西，就会自然而然地在人群中穿梭。

习惯人际关系，也是一样的道理。

适应社会需要练习

如果你以前从未走过这样的十字路口，某天突然去走，你可能会撞到各种各样的人。如果你慢下来犹犹豫豫，交通灯就会变红。

"搞什么鬼，这些人为什么撞我？这是什么鬼地方？我再也不想来了。"如果你这么想并决定放弃，那么你永远都不会掌握穿越人行横道的技巧。

是不是因为你没有很好的穿行能力？

并不是。你**只是没有练习过**。你只是不习惯。

适应社会的唯一方法是每天去经历一些小事情。通过经验了解冲突的原因，例如"如果我这样说，就会得罪我的朋友"或"如果我这样做，就会被社团的前辈批评"。通过这些事情，你就会明白如何与其他人相处。

如果你在小学、初中和高中的 12 年里每天都在经历这些小事，你将获得大量的经验。

获得人际交往能力的最佳方式是在上学的年龄去学校学习。上学时，我们通常不会意识到："我现在去学校是为了培养人际交往能力。"然而在日常生活中，我们处理各种情况的能力在不知不觉中得到了发展，社交能力也得到了提高。

只有不断地拓展自己，才能够应对不同的情况。发展人际关系的能力也是拓展自己的一种方式。

理想的情况是，我们可以生活在一个即使不善于处理人际关系也能生活得很好的社会。然而遗憾的是，我们生活的社会对沟通技巧的要求越来越高。在小社会中练习，习惯于人际关系，毕业后才能适应成人社会，在未来更舒适地生活。

学会让不开心的事过去

当然，你会遇到许多无法控制的事情，让你感到沮丧的关系以及你不喜欢的东西。例如，在班级中你很难与合不来的人相处，你不知道如何处理社团里前辈、后辈之间的等级关系。你越是敏感和认真，就越容易感受到这种情况。

你面临的挑战是，如何克服眼前的困难。

在《方丈记》的开头，鸭长明[①]写下这样的文字："逝川流水不绝，而水非原模样。"意思是说：当我们看一条流动的河流时，我们看到的是它未曾止息的流动，但它已经不是同一股水流了，总有新的水在

---

① 鸭长明（1155—1216），日本歌人，代表作品《方丈记》。——编者注

流淌。

这与时间的流动是一样的道理。如果你认为每天的艰难处境都是一样的，这将永远持续下去，就会感到沮丧和无助。但随着时间的推移，情况总会发生变化。那个你不喜欢的同学可能会换班离开。你不喜欢的学长会在第三年退出社团。然后他们毕业了，离校了，你自己也成了高年级的学生。

重要的是静静地让它过去，而不是哀叹，抱怨"我讨厌它，我讨厌它，我再也忍受不了了"。

把它想象成河水，让它流走。也可以把它看作是一场台风。劲风吹拂，风雨交加，但风和雨不会永远持续下去。台风也会过去。如果你对此无能为力，就等着它过去吧。

学习也是如此。即使你讨厌学习，讨厌学校，但总有一天，你会离开学校。考试只会持续一段时间，最终会结束。总有一天，你将不必再应对考试。

目前的困难不会永远持续下去。所有的坏事和困难都会像台风一样过去。如果这样想,你会不会感觉好一点?

给自己留一个紧急出口

即便有上述各种应对方法,你也可能会碰到解决不了的问题。如果你遭受着恶毒的校园霸凌,或者遇到蛮不讲理、无法沟通的老师,又或者你与学校的氛围格格不入,你可能会很苦恼。

刮台风的时候,如果房子有倾塌的危险,你就需要躲到一个安全的地方。不要让自己暴露在危险之中,必须逃跑。这并不是一个懦弱的行为,而是保护自己的必要措施。

为了应对突发紧急状况,公共建筑和交通工具总是备有紧急出口。如果你觉得待在这里确实不安全,就得从紧急出口逃走。如果不逃跑,你可能会死。**只要你逃脱了,得救了,前方总会有另一条出路。**

我在这里说的"紧急出口"指的是与一个值得信赖的成年人交谈。

在这些特殊的情况下,你需要的不是同龄的朋友,而是一个成年人。无论你和朋友们相处得多好,无论你们看起来对事物有多了解,青少年时期所见到的世界都太小了。成年人有更多的经验,可以从一个更宏观的角度看待问题。这就是要向成年人寻求帮助的原因。

如果你不能告诉家人,也可以拨打青少年服务热线。总有一个成年人可以帮助你。

逃避痛苦的回忆,寻找生存的道路,灵活地思考解决办法,这才是真正聪明的生活方式。

第 3 条

格言

学校是让我们认识
各种各样的人、
练习如何与人打交道
的地方。

唉……
明天又要上课了，好郁闷啊！
……
越想越烦，
只要一想到上课就很郁闷……
郁闷……
确实是……
那个……
嗯？
你真的那么讨厌上学吗？
嗯。
嗯，一想到上学，这两个字就漂浮在脑海里……
郁闷……

第4章

采用什么样的战略来应对考试?

为学习制定战略

即使你选择正常上初中、高中，然后参加高考，也有不同的学习方式。有些人一早就开始稳步做准备，而另一些人直到最后一刻才认真起来。

初中和高中阶段，参与学习以外的事情也很重要，你可以自由地安排自己的时间。但你需要明确的是，在学习和备考的阶段，**应该采取哪种战略和战术。**

即使每天都沉浸在自己想做的事情中，如果你有一个规划，就会知道现在应该做什么。如果你浑浑噩噩，很多事情都会留下遗憾。

我给大家讲一个我自己的故事吧。

我的考试经验比普通人丰富，我参加了包括初中、高中、大学和研究生考试在内的一系列考试。

我以小学生特有的轻松状态参加了初中入学考试。我的家人问我："怎么样？能行吗？"我喜欢挑战从未做过的事情，因此胜券在握。

之后，我进入了家乡静冈县一所国立大学的附属初中。这所学校的校风很自由。入校后，我加入了网球俱乐部，充分享受着初一、初二年级的生活。

我讨厌为考试而学习。正如之前提到的，我和朋友合作发明了一种聊天式学习法，它帮助我顺利通过了期中和期末考试。

我不是一个循规蹈矩的初中生。刚开始，我做自己喜欢的事，和朋友们在一起开心地玩乐。但在初三那年，我不能再这么随性了，原因是这所学校没有附属的高中。

在初高中一体化的学校，只要你参加初中的入学考试并被录取，初中念完后就可以直接升入高中部学习，在接下来的六年里你都不用再担心升学考试了。然而，我们学校的情况并非如此。因此，当我准备升高中时，不得不再次参加入学考试。

这就是我在初三时要面对的现实。于是，我退出了社团。我必须拼尽全力，因为我只报考了一所公立高中，我对自己说："如果没有通过这次考试，我就没有地方可去了"。

"我讨厌选择受到限制"

"我应该参加哪所学校的入学考试？"

"为什么我需要认真准备入学考试？"

和一起学习的朋友聊天时，我们会讨论这一类问题。最后，我们得出的结论是：争取做到最好！因为我们不想因为学校的名字而被人看不起。

进不同的高中，人们看你的眼神是不一样的。没有人能忍受被人看不起。只要去了向往的最好的学校，就不存在这种可能了。

而且，如果去的是一所优质的高中，同龄人会给你很多激励。就像在网球比赛中，当你遇到实力相近的对手时就会受到鼓舞，自身的实力也会得到提高。

如果我们把自己放在这样的环境中，就会更容易考入优质的大学。

无论如何，我不希望自己未来的可能性被我的学校所限制。

在决定申请哪所大学时也是如此。

"你毕业于 XX 大学，所以进不了我们公司。"希望你不要遇到这样的情况。我认为不应该有这样的歧视，但在现实生活中，这种入职障碍比比皆是。不要到那个时候才追悔莫及。

如果未来的生活因为现在没有认真备考而受到限制，我一定会后悔："为什么我当年不好好学习？我应该更努力地学习。"

一想到未来可能会后悔，我就告诫自己要争取做到最好。我打心里认为，实现这一目标的唯一途径是为了考试而学习，尽管我讨厌这种做法。

找到适合的方法，就不会感到疲倦

我不善于持续而勤奋地做同一件事情。虽然能集中精力，但一段时间后容易感到厌烦。相反，在短期内以目标为导向做事时，我的效率更高。

平常，我会参加社团活动。但当期中和期末考试临近时，我会在考试前的两周内集中精力学习。我在"社团活动期"和"考试学习期"的做事方式是不同的。

然而，与期末考试不同，准备升学考试是一个长期的过程。怎么才能做到不厌其烦呢？

我心想："如果只有两周的时间，我就能集中精力了"。因此，我设定了一个目标——**每两周集中攻克一个学科的重点**。于是，我划分出了英语强化学习周、数学强化学习周和世界史强化学习周。

只用两周的时间就取得进步，会让自己感到很充实，很满足，也更有动力。这么做的诀窍是，不要死啃一个科目，将需要运用不同思维的科目结合起来学习，例如先看两周的世界历史，再学学数学。如果连续几周背诵相同的东西，就会很容易厌倦。

轻松学习的诀窍在于找到适合的方法。

对于像我这样适合集中、快速、高强度学习的人来说，"两周沉浸式学习法"更有效，不会令我感到疲倦或厌烦。相反，有些人更适合每天持续而稳定地学习所有的科目。对于那些有耐力的人来说，这种方法反而更轻松。

想一想：**有什么办法可以让你学习起来更轻松一些呢？**

寻找一生受用的战术

即便是现在，我在临近交稿日期写文章时，也会更有干劲儿，更能集中精力。我的思维在时间有限时比在时间充足时更活跃。

也许，学生时代总是孜孜不倦地学习的人会以另外一种方式工作——每天按部就班地逐步完成工作。他们可能觉得**"我这样做更轻松"，"我这样做能完成更多工作"，或者"我这样做能获得乐趣"**。

适合你的学习方式将根植于你的行为模式中，你在今后的学习和工作中都会用到它。它将成为你的个人风格。

回想起来，聊天式学习法是另一种适合我的学习战术。我在学生时代就用过这种方法。现在之所以能在大学课堂和讲座上连续讲上几个小时也不觉得累，是因为过去我一直在训练自己与人交谈。

战术可以是一个小习惯。

例如，我发现用颜色标示的东西我更容易记住，我就用不同颜色的记号笔或圆珠笔做标记。我把这个习惯视为我的战术，并称之为"彩色编码学习法"。

我在阅读或学习时，发现画线更容易厘清思路，就发明了"三色法"：客观上重要的部分用蓝色表示，客观上非常重要的部分用红色表示，主观上觉得有趣的部分用绿色表示。

如果用这三种颜色画线，要点就会一目了然，可以清楚地看到需要记住的东西。

在学习时使用，它就成为"三色学习法"；在看书时使用，它就变成"三色阅读法"；用这种方法做笔记，它就成了"三色笔记法"。

因为总是用三种颜色思考，这个方法就会渐渐内化成为自己的特殊技能。

而且，你可以把战术变成一种终生技能。

建立信心的支柱

当你知道怎么去做一件事时，就丝毫不会觉得累。你会感到一切尽在掌控，并且充满自信。

在学习方面，**如果你有擅长的科目，那么它将会成为你的优势。**

小学时爱运动的孩子认为自己擅长运动。实际上他们可能只是跑得快，但不太擅长球类运动，或者由于身体太过僵硬而不擅长做体操。跑得快的孩子之所以认为他们擅长运动，是因为他们对跑步有自信。有了自信，自尊心就会增强，从而拥有**自我肯定的能力。**

同样，如果你在某一科目上表现出色，你就会肯定自己，不再认为自己不够聪明。因此，你可以选择一个擅长的科目，让它成为你自信的支柱。

如果你喜欢生物，那就选择生物；如果你是一个铁路爱好者，那就选择地理。什么都好。

这是一种非常自然的选择，可以从你的爱好出发，与某个学科建立联系。

英语能力是一大优势

在入学考试中，英语好是一个很大的优势。无论选择读文科还是理科，没有一个地方不考英语，而且很多地方的英语分数占比都很高。

英语是一种语言，任何人都可以使用它。只要努力，任何人都能熟练运用英语。这不是一个即使努力也无法理解或进步的科目，而是一个**你学了多少就会多少**的科目。

即使目前不擅长英语，只要喜欢，就会有动力。不要因为不喜欢或觉得不擅长就放弃。

英语不仅是升学考试的必考科目，也是成年之后也会用到的重要技能，需要我们持续不断地学习。

希望你不要因为不擅长而说什么"不会英语也没关系"这样的话。放弃英语学习将是你漫长生命中的一种浪费。

设想你在社交平台上发一些东西。如果用日语，只有懂日语的人才能看懂；**如果用英语传播，全世界都会看到。这关乎你能在多大的舞台上展示自己。**

这就是我们所处的时代。所以，不要放弃英语学习。

掌握考试的诀窍

擅长英语是考试的加分项。如果英语好，你将更容易通过高难度的大学入学考试。

在日本，大多数私立文科大学的入学考试要考三门科目：语文、英语和一门自由选择的社会科目。

在语文考试中，有一些需要背诵的日本古文和古汉语以及需要阅读理解的现代文，这些能力往往很难通过学习来提高。也就是说，你的努力很难在入学考试中体现出来。而英语，只要学，就会有进步，也更容易获得高分。如果你还擅长其他科目，就能够脱颖而出。

此外,以私立大学理科专业为目标的人往往在理科和数学方面相当出色,而在语文和英语方面比较薄弱。这时如果你擅长英语,将对你大有助益。

如果你的目标是国立大学[①],就要考很多科目,想要脱颖而出很难。你必须学习各种科目,尽管每门科目的分数占比很少。假如你的英语成绩好,就可以弥补分数不高的科目。

如果你在平时就进行英语方面的训练,无论目标是私立大学还是公立大学,都会更容易过关。

当然,我并不是说英语是唯一有价值的科目。所有的科目都很重要,学好每个科目都有意义。但在日本目前的考试制度中,**英语是一个回报明显的科目。**

[①] 日本的大学主要分为三种:国立大学、公立大学和私立大学。国立大学由日本中央政府出资,公立大学由地方政府出资,私立大学则由私人出资。——译者注

擅长英语有很多好处。

人们常说："哇，你被那个学校录取了？你真优秀！""哇，你真聪明！"但**决定考试结果的往往是学习策略**。不同的人学习方式也不同。

应该采取什么样的学习方式呢？要想在考试中拿高分，光埋头苦干是不够的，关键是要制定一个学习策略。

如何学习语文？

语文该怎么学习呢？听、说、读、写是语文的基础。

我们在成长过程中学习的第一种语言被称为母语，我们再用母语学习其他知识。我们用这种语言与别人交流，表达自己想法。如果一个人不擅长语文，就会在很多场合吃亏或遭遇不便。

语文是基础中的基础，却也是很多学生感到最棘手的入学考试科目。

语文的阅读理解并不是通过死记硬背来解决的。没有绝对正确的答案，也就导致了成绩的模糊性。有人即使努力学习也很难取得好成绩，有人即使不学习也能取得高分。

既然是一种语言，任何人都不应该学不会。只要去学，你就能学好。如果学不好，那就意味着你还没有投入足够的时间和努力。

你一生都要使用语言，所以对待语文，不能有丝毫含糊。

我认为，语文能力可以分为词汇能力和读懂上下文的能力两部分。

你可以这样理解：

词汇能力 = 增加你能使用的词汇数量

读懂上下文的能力 = 掌握文章真正的含义

在英语学习中，每个人都在努力积累词汇。因为你知道的词语越多，能使用的词汇就越多，你就越能轻松地理解文章的含义。在语文学习中，你有没有注意提升词汇量？小学时，我们都要学习如何写字。然而之后，却没有多少人有意识地增加自己的词汇量，或者说积累词汇。

那么，读懂上下文的能力呢？读懂上下文，意味着理解文章所要表达的意思。即使在谈话中，也需要通过这一技能把握和理解对方所要表达的意思，然后做出得体的回应。

阅读、写作、聆听和交流时，我们都会用到上述两种能力。

你是否具有读懂上下文的能力，从而把握文章的真正含义？

怎样提高读懂上下文的能力？

学习英语时，为了读懂一篇文章，除了积累词汇，还要掌握英语的语法。然而，掌握语法后，你也不一定对文章所要表达的内容有清晰的理解。

了解文章的逻辑关系、创作背景、作者立场等等，都会加深你对文章的理解。这就是把握上下文的能力。

缺乏理解上下文的能力，也会影响我们解决数学问题的能力。

有交流困难的人，理解上下文的能力就比较弱。他们抓不住对话的脉络和意义，也无法正确理解对方所说的内容，以致于答非所问。

我们怎样才能提升读懂上下文的能力？

当然是**通过阅读**。阅读会提高一个人的语言能力。

阅读是为了理解书中所传达的含义。阅读一本推理小说时，如果你注意到作者埋下的伏笔，你会想："嗯？这里有点可疑啊！"这些联想让你觉得这本书更加有趣。如果没有发现这些伏笔，即使最后看到了谜底，它也不会在你心中激发太多情感。你没有受到触动，只会觉得："哦，是这样吗？"这两者的区别在于，你能在多大程度上阅读和理解书中的内容，并从中获得乐趣。

当你提高读懂上下文的能力，就能更好地欣赏一本书。所以，爱书的人会越来越想读书。

看漫画也是相同的道理。漫画是图文并茂的。如果你能注意到图片和对话中隐藏的内容，你就能获得阅读故事情节以外的乐趣。

看电视剧和电影也是一样。与人对话也是如此。

因此，我认为学习语文最好的方法不是为考试而学习，而是在每天的生活中，用心磨炼把握上下文的能力。

为什么要学习不擅长的科目？

"我不擅长数学。如果考私立大学文科专业，就不需要学数学，只考三科就可以了，所以我放弃数学，只学三科。"

这可能是一种策略。然而，如果不学数学，你就不能去那些需要考数学的国立大学，哪怕这些大学里面有你喜欢的文科专业。

而且私立大学比国立大学的学费更昂贵。在本地的国立大学上学，与独自前往东京，在私立大学学习，两者之间的经济负担大不相同。如果是父母花钱送你上的大学，你就必须考虑到经济因素。

我认为，仅仅因为不擅长数学而减少自身的选择是不明智的。**最好给自己保留更多的可能性。**

许多不擅长数学的人也不太喜欢理科。数学是一个培养逻辑思维能力的学科，它帮助我们通过有序的思考，推导出可行的解决方案。理科是以某种根据为基础，不断积累科学理论并进行实验的学科。对事物客观和冷静的看法，在一定程度上是由数学和科学的思维方式支撑的。所以，你不应该认为这是与你无关的东西。

踢足球时，一个惯用右脚的人用左脚是踢不好球的。但是，如果坚持练习左脚，这个技能就会得到提高。练习的关键在于提高左脚瞄准的精度。一旦你能灵活地使用左右脚，就能做出更多复杂的动作。

当你能做到以前不擅长的事情时，行动就会更自由。简单地说，你会变得更强大，更有活力。

而学校是练习克服困难的好地方。

避免偏科

日本高中的许多科目都是选修课，学生可以因为

"不擅长这门课"或"那门课对我来说没有必要"而避开一些科目。因此，很多学生容易偏科。

然而，**学校的魅力在于，你可以学一些你自己不会想去学的知识。**

如果自学，学文的人会去学微积分吗？一个喜欢理科的人会去阅读古文吗？但是在学校里，我们必须学习这些科目，因为它们是学校的必修科目。

有些科目，刚开始你可能觉得自己不擅长，一旦尝试，可能会发现它们很有趣。学校是一个很容易让你发现兴趣的地方。

不要低估考试的科目。我们在学校学习的科目都有一个共同点：培养思维能力。如果你想让大脑更灵活地工作，就应该学习各种科目。

通过学习不同的科目，你可以提升整体实力。整体实力是在社会上生存的基础。

和人打交道也是一项基本技能。学校里有各种各样的人。起初,你可能会遇到一些貌似合不来的人,一旦了解他们,你们也可能会变成要好的朋友。

努力积累不是无用的

我曾经花了大量时间来应对入学考试。那时我曾想:"我不过是在浪费时间。"后来我发现,我之所以能够每天如此勤奋努力地工作——在大学教书,出书,到处讲课,在电视和广播上露面,是因为之前养成了朝着考试的目标学习的习惯。正是这个习惯帮助现在的我很好地完成工作,满足各种需求。想到这些,我感到非常振奋,心想:"啊,那些日子没有白过。"

不管是为了考试,还是因为无可奈何,都没有关系。你所做的一切都会有回报。

第 4 条

格言

考试可以帮助你找到自身的优势和个人的学习方法。

第4章 采用什么样的战略来应对考试？ | 101

第 5 章

怎么和书打交道？

书是任意门

看电视时，听到歌手JUJU说："书籍把我带到了一个新的世界。对我来说，书籍就像哆啦Ａ梦的任意门。"

书籍是任意门。我觉得这句话说得很好。打开一本书，就像打开许多不同的世界。作者把他的所思所想写在书里。通过阅读，我们可以了解他的思想感情。我们享受认识和理解的乐趣，也享受想象的乐趣。

如今，越来越多体验虚拟现实的产品被开发出来。实际上，书籍才是虚拟现实的祖先。

读书不能由他人代劳，因此许多人觉得读书很麻烦。与扑面而来的强大影像和声音不同，书籍的魅力在于让你主动走进一个世界。在里面，你享有掌控感。通过让想象力自由驰骋，你可以不断地扩展这个无形的世界。想象力可以带来无限的自由。

在想象的世界里遨游，可能是人类生活中最大的奢侈。如果不享受书籍这扇任意门，那将是一种巨大的损失。

寂寞的时候读书吧！

有了书，就不会感到无聊或孤独。

如今，我们对智能手机的依赖几乎成瘾。无论在火车上、街上，还是在家里，人们无时无刻不在使用手机。

有些学校禁止学生在校园内使用手机，即便这样，离开学校后你也会立即把它从书包里拿出来吧。

除非拥有亲密的关系或回到熟悉的地方，否则内心就无法平静下来。即便平静下来，也可能感到寂寞。你是否碰到过类似的情况？

我想大声说："**寂寞的话就看书吧！感到孤独的话，就看书吧！**"

通常情况下，书都是一个人阅读的，但没有人在阅读时感到孤独或寂寞。这是**因为读一本书意味着与一个人交流。**阅读一本书就是与作者对话。不只是作者，你也在内心深处与书中的人物交流。因此，**虽然你在独自阅读一本书，但你并不会感到孤单。**

一位儿童作家曾说："我小时候体弱多病，只能看书。当我看书的时候，我不再感到孤独。这就是我立志成为儿童作家的原因。"

如果你有书，哪怕独自一人，也不会感到孤独。书籍可以帮助人们摆脱孤独。

在阅读中寻找共鸣

凭借小说《火花》获得芥川龙之介奖的又吉直树说，他在初中时就开始阅读太宰治和芥川龙之介的作品。

在《跨越黑夜》中，又吉描述了他阅读太宰治

《人间失格》时的情景："主人公在脑子里说了那么多话，我也常常这样。"

当又吉直树认为没有人能够理解他的感受，自己是唯一一个这样受苦的人时，他看到了《人间失格》，意识到还有其他人也在受苦，并且这个人和他有着同样的想法。

"哦，就是这种感觉，我也有。""我知道，我知道。"有所共鸣，就是阅读的意义。

"我看书，看现代文学，发现很多人跟我有同样的问题。这种认知非常重要。通过读书，与书籍对话，我终于学会了如何与他人、与自己相处。"又吉写道。

当你的人际关系出现问题，当你怀疑自己在做的事情是否正确时，知道有人与你有相同的境遇会让你感到欣慰。即使不能解决问题，也能缓解你内心的彷徨。

一本让你告别孤单的书将成为你一生的朋友。

卡夫卡的《变形记》是一个虚构的故事。它讲述了主人公格里高尔在早上醒来时发现自己变成了一只巨大的甲虫，之后不得不以昆虫的身份继续生活。这个故事描绘了一种不可抗拒的强烈命运，反映出一个人处于痛苦境遇时的无助心态。

不想上学，感觉自己无处容身……有这些感觉的读者能否与书中的主人公产生共鸣完全取决于他的心境。虽然小说是虚构的故事，但其中描绘的人类情感却是真实的。

读书是与人类广泛的情感的邂逅。如果你对书中的情节产生很多"我知道，我知道"的感觉，那么即使你在现实生活中没有什么朋友，也可以获得很多虚拟朋友的支持。

当你认为某个作者是你的心灵之友时，就会想去读他的其他作品。你会有诸如"哦，是的，我也有这种感觉"，"我也理解这一点"或"谢谢你写出来"这样的感受。

这种在阅读中找到共鸣的体验会让你有更多喜欢的书和作者。这感觉就像在社交网站上关注你的人不断增加，不断地有人给你点赞一样。

读书需要好奇心

做任何事情的契机都是好奇心。

在社交网站上关注某人是为了了解他："这个人写了什么？我想知道。"

读书也是一样。"这本书里写了什么？"这种好奇心使你拿起书，翻开书页。如果阅读后觉得它不适合你，跳过去也没关系，看到一半放下也没关系。你完全有自由选择如何阅读。重要的是，怀着兴趣去阅读一本书。

有时，一段时间后再次打开同一本书，你可能会发现，这是一本非常有趣的书。

书籍也可以改变一个人对数学的看法。曾经有一个不擅长数学的人告诉我,在读了一位数学家的传记后,他对数学的抵触情绪减少了。

数学家往往相当古怪,这就是为什么他们的轶事如此有趣。当你阅读他们的传记时,你会对数学有更多的了解。至少,你的心态会发生变化,数学不再是你非常讨厌和害怕的东西。

我喜欢想象不存在的东西,也喜欢探索不知道的事物。

无论是推理小说还是科幻小说,想象力创造的世界越完善就越有趣。在其中遨游,你会获得很多乐趣,**会萌生"生而为人,太好了"的感觉。**

比如,第一次阅读《进击的巨人》这部漫画时,我感到很惊讶。我想:"这是个什么世界啊?"

人类的想象力无比惊人。在想象力的世界里,我们可以创造任何东西。阅读充满想象力的作品会扩大你的世界。经常在想象力的世界里遨游，你的想象力也会越来越丰富。

越深入书中的世界就越有趣

你也可以看轻小说①或电影原著。重要的是，**不要随意翻翻，而要真正用心去看。**

你可以阅读各种类型的书，但必须让自己浸入书中的世界。投入能让你的大脑感到快乐。"好刺激！"越是深入书中的世界，大脑就越活跃，你就越会觉得阅读有意思。

我喜欢《哈利·波特》，对整个系列都记得很清楚。当我问"这句台词出自哪里"时，我惊讶地发现，有人能回答出这是第几卷哪里出现的谁的话。

他说："我太喜欢《哈利·波特》了，一遍又一

---

① 日本文学中的一种体裁，通常使用漫画风格的插画。——编者注

遍地反复读，自然就记住了。"只要认真地进入那个世界，就能做到这一点。对这个人来说，《哈利·波特》就像他自己身体的一部分，融入血液中了。

看漫画时，很多人会把所有的单册集中起来反复阅读。你已经把台词牢牢地刻在脑海里了吧！有时甚至会脱口而出，这说明漫画构建的世界已经变成了你脑海里的一部分。

不是因为阅读对象是漫画才能记住，而是因为你真正进入了那个世界。"我忍不住要读。""我不由得想起。"这种状态使大脑变得快乐，觉得有趣。

因此，成为某个作者或某个作品的粉丝是件好事，你不会止步于含糊其词地评价某个作品"挺好的"。你有继续阅读的冲动，"我想读这个作者的其他作品"或者"我想读跟它有关的其他作品"等等。

对于喜欢的东西，我们更容易进入良性的循环。当你在这样的循环中积累阅读经验，你会越来越喜欢读书。

与遥远过去的人相交

但是,跟随喜好阅读并不是选书的唯一标准。生活中,你需要应对各种各样的事情。

我出版了很多书籍,希望以一种易于理解的方式向儿童传达经典,其中包括一本名为《培养强大而灵活的头脑:孩子们的〈孙子兵法〉》的书。该书受到的好评超出了我的预期。

《孙子兵法》是世界上现存的最古老的兵法书籍,诞生于中国的春秋时代,是一本军事著作。在中国的春秋时代,日本还没有形成国家。一本来自中国的如此古老的兵书,如何与 21 世纪的日本儿童联系起来呢?孩子们会对它感兴趣吗?大家会觉得不可能吧?但事实并非如此。

这本书包含了"要靠什么样的心态坚强地生活下去"的智慧。实际上,过去和现在有许多相似之处。

现代社会,每个人都有人际关系的担忧和焦虑,甚至从小学开始就有。孩子们对这本书的评价是"我得到了勇气"或"我受到了鼓励"。小学生们觉得这本书是他们强大的盟友,给了他们能量,让他们产生了共鸣。

在书中,我介绍了诸如以下的语句:

"合于利而动,不合于利而止。"

这句话告诉我们:当你开始做一件事时,不仅要考虑你的好恶,还要考虑它是有利的还是不利的。

这就是说,你要把是否喜欢某样东西与它对你来说是不是有利区分开,把后者作为衡量事情的另外一个标准。我希望你在决定学习哪些科目时想起这句话。

还有这句:

"少则能逃之,不若则能避之。"

意思是:逃跑也是有意义的。如果敌不过的话,就赶紧逃跑吧。

就是说当你意识到不是敌人的对手时,你应该逃跑。我们需要的不是赢得眼前的战斗，而是确保自身的安全，以便我们能够再次战斗。我想让那些被欺负的人和经历挫折的人知道这句话。

这本中国古代兵书，即使在今天也能成为勇气的源泉。这就是书籍的魅力。

用聆听去邂逅

不要以为过去的东西就是老旧的，与你无关。世界上有很多优秀的前辈给我们留下了宝贵的智慧，阅读一本书就是要从中受益。

古老的书籍至今魅力未减，不断地吸引着后来的读者。很多长期阅读并拥护经典名著的人说"这是好东西"或者"它给了我勇气"。

所以，不要带着先入为主的观念，说"那是很久以前的书了"或"他写的事情很难理解"，要把那些书看作是为你而写的。

重要的是，把这些古老的作者当作今天还活着的人来认识。

《论语》是孔子的弟子们编纂的书，他们通过"子曰"，总结了儒家祖师孔子的话。你可以把自己当作他的门徒，接受他的教诲。没有必要把书中的内容看得太难。当你认为他在和你说话时，你会觉得和他很亲近，即使他已经2500多岁了。

"己所不欲，勿施于人。"

"温故而知新。"

"过而不改，是谓过矣。"

"见义不为，无勇也。"

《论语》中充满了可以成为格言的句子。我认为每句话都很有道理。

假想他们在和你说话，给你启示，你就很容易接受这些话。

我第一次读《论语》是在上高中的时候。这是我的暑假作业，并不是我自愿读的。

这本书里有太多我想用作座右铭的句子，所以我对它印象深刻。从那时起，我就把孔子当成了我的心灵导师。

寻找心灵导师

当我认为一本书很好，很尊崇它，我就会把作者看作我的心灵导师。

通过这种方式，我遇到过很多心灵导师，包括拿破仑、兼好法师、胜海舟。后来，孔子也加入了这个队列，成为我的心灵导师之一。我的思维方式不再是单一的，而是各个大师的话语和思维方式的完美组合。

苏格拉底是我高中时期的另一位心灵导师。

许多人都知道他是一位古希腊哲学家，但他们不屑于拿起哲学家的书，因为他们认为哲学对于中学生来说太难了。

与孔子一样，苏格拉底自己没有写过任何书。他是一个很好的演讲者，在各地演讲时很受欢迎，最终却被指控犯罪——对神不虔诚，腐蚀雅典青年的思想，并被判处死刑。柏拉图和周围的人想救他，但他却说："我不逃避，我自愿服刑。"最终服毒而死。他的言论和他的人生一样精彩。柏拉图和其他人记录下了苏格拉底生前的言论。苏格拉底曾说他不是任何人的老师，他常常用诘问法和别人讨论问题，所以这些书基本上是以问答的形式书写的对话，非常容易阅读。

歌德也是我的精神导师。如果你想了解歌德的人生箴言，有一本爱克曼写的《歌德谈话录》。它记录了一个叫爱克曼的年轻人在歌德生命的最后九年里与他进行的一系列对话。歌德以通俗易懂的话语和年轻人交流，并给他提供了生活的建议。

当你想象你正坐在爱克曼旁边听歌德讲话时，你会沉浸其中。

被称为思想家或哲学家的人,给人的感觉像是知识的巨人。简而言之,他们是一群思考过"我们应该如何作为人生活下去"的人。

书是一个人语言的集合。

你要想象自己是在**聆听某人的言语,触摸某人的个性**,而不是抱着获得知识或获得教养的目的去看书。

当你大声朗读一本书的时候,你会感觉到作者或书中的人在对你说话,这些话就会更加地深入你的内心。

心灵导师的话将在你的心底生根发芽。这些话将支撑你的思想,帮你更好地思考问题,为塑造自我打下坚实的基础。

这些在你的心里扎根的树木最终将成为你内心的"多样化森林"。我在第二章中说:我们应该在内心种植各种不同的树木，形成多样化森林。阅读是在内心深处培育森林的必要条件。阅读就是在种植一片心灵的森林。

提升词汇能力

　　补习班和预备学校有一些魅力超凡的教师极受欢迎。之所以受欢迎，是因为他们善于教学。
　　一个好的老师不只教授知识，还传授看待事物、思考问题的方式。如何阅读和理解？如何正确处理问题？应该使用什么样的思考方式？怎样才能有效地发挥自己的能力？他们会给你这些方面的建议。当我听这样的老师讲课时，就会觉得自己变聪明了。

　　阅读书籍也是如此。书籍是由一些善于将自己的思路表达出来的人写的，这些人有丰富的语言技巧。如果你经常聆听语言能力强的人说话，并把这些话记在心里，你所使用的话语自然会受到他们的影响。你所知道的、想要使用的和能够使用的词汇数量都会增加。词语就这样在阅读中积累了下来。

阅读书籍，可以提升自己的词汇能力。 阅读书籍，就像拥有了一个语言老师，一个好教练。和大学生接触时，可以从他们说的话来判断他们读过什么样的书。有些人的语言贫乏，使用的词汇也很幼稚。造成这种情况的原因是缺乏阅读。经常阅读的人会使用不同的词语。读或不读报纸也能在谈话中显现出来。

如果你想提高智力，但不知道该怎么做，那就先看书吧。 坚持阅读书籍和报纸，你的词汇量和阅读能力自然会提高。

提升阅读速度

阅读速度慢的人在很多方面都会吃亏。考试时，他们需要花更多时间阅读问题，留给他们思考的时间就减少了；做长篇阅读理解时，他们要比其他人耗费更多时间；在大学里写报告时也是如此，他们需要花费大量时间阅读各种参考资料。

工作时更需要快速阅读的能力。如果不能迅速阅读会议材料，你将无法参与讨论。仅仅因为阅读速度慢，你就会被贴上"工作能力差"的标签。

阅读速度与实践有关。正如棒球三冠王落合博满说的："要想在职业棒球领域取得成功，你必须尽快适应职业选手的速度。"如果你从来没有站在击球区，迎击140千米/时的球，你将永远无法打出这种速度的球。但如果你不断练习这种球，你就能打中它们。你需要通过练习来适应这个速度。

读书也是如此，如果你练习快速阅读，就会逐渐习惯这种速度。**一旦习惯快速阅读，任何人都可以读得很快。**

我要求人们进行**快速阅读**，无论他们是小学生、大学生，还是工作后的成年人。以快节奏阅读，用秒表计时。当你练习快速阅读时，身体会进入这种节奏。渐渐地，你可以毫无障碍地以这个速度阅读。

更妙的是，**当你读得更快时，就会有一种思维在加速的感觉。**

川岛龙太老师以"大脑训练"而闻名。我从他那里听说，快速阅读的训练效果，实际上是加快了大脑的运转速度。我猜，当我们快速阅读时，大脑中神经元的突触更容易连接到一起。即使平时通过默读来阅读一本书，也能读得更快。

如果能读得更快，就能在相同的时间内读更多的书。而大量阅读又能使你获得经验，提升理解上下文的能力。因此，你也获得了深入阅读的能力。

快速阅读可以在成年后通过训练来完成。但条件允许的话，最好尽早学习，因为青少年的思维很灵活，练习的效果立竿见影。

让阅读成为一种体验

读一本书时,我会用蓝色、红色和绿色圆珠笔在书中画线。蓝色代表客观上重要的部分,红色代表最重要的部分,绿色代表我认为有趣的部分。

对我来说,在书中画线有一种与作者对话的感觉。就像我听一个故事时,我会点头或说几句话。

当我觉得"就是这样,我也有同感"时,不仅会画一条线,而且还会画一个像"^_^"这样的笑脸。在我受到启发、眼界大开的地方,我会写上一个感叹号"!",或者用"○"的标记来表示"我明白了,我学到了"。

通过这种方式,我可以清楚地看到哪些段落让我感同身受或受到激发。以后重读这本书时,我也可以重温从前的感觉。

书中留下了我们阅读的痕迹。 有些人认为,在书中写字意味着没有好好对待这本书,但我不这么认为。在书上做笔记，增加了书籍在我心中的分量，因为**阅读时，我曾在上面留下思考的痕迹。**

当然，我不会在图书馆的书或从别人那里借来的书上画线，这是基本的礼貌。换句话说，你很难感觉自己沉浸到一本借来的书中。你不觉得它已经成为你的一部分。**阅读是一种体验，而不只是对信息的摄入。**这就是为什么我常常买书，哪怕是二手书，并把它们当作自己的东西来读，而不是用尽方法借阅。我鼓励大家也这样做。

从联系的角度思考问题

如果读卡夫卡的《变形记》时，你只是想"这太恶心了，我讨厌这个"，那就完了。它不会进入你内心深处，成为森林中的一棵树。如果你发挥想象力，产生"如果我在这种情况下"的联想，这个故事就会在你的脑海中留下持久的印象。这就是**从联系的角度**

思考问题。

芥川龙之介的《蜘蛛丝》是一个关于天堂和地狱的故事，构筑了一个没有人真正了解或见过的世界。故事的主人公键陀多是一个无恶不作的江洋大盗，他看到一只蜘蛛，觉得杀了它很可惜，于是将它放生了。这体现了他善的一面。另一方面，他又有一种只想独自偷生，不希望其他人得救的强烈想法。这两种想法都存在于这个人的心中。

阅读《蜘蛛丝》后，如果读者发挥联想，对自身的认知就会发生一些变化。例如，当我看到一只蜘蛛时，会想："我居然想杀了它，即使是键陀多这样的大盗，也会放了它呢。"当有人向你寻求帮助时，你是否想把他们推开，说"我不喜欢人情世故，他们会妨碍我的工作"？你能不能再考虑一下，说："不，不，不，我不应该那样做，如果我那样做，就会像键陀多一样下地狱。"

当这些联想开始改变你的行为时，阅读就变成了一种经验，书籍就变成了一门课程。

我经常在彩色的纸上写下"相逢即是节日"这句话。我觉得，即使是偶遇，我也很高兴能以这种方式与人或物相见，我们应该为相逢庆祝。我认为与书的邂逅也应该被赞美。

你认为世界上有多少本书？无论是在书店还是在图书馆，你从堆积成山的书籍中拿起一本书，然后说我要读这个。光是这一点就已经是个奇迹了。更何况，它将成为你的良师益友，警示和支撑着你。

书中描绘了各种各样的人。有的会让你赞叹："哇，真酷，我要成为那样的人！"有的会让你讨厌："我才不想成为那样的人。"还有的会让你咬牙切齿："太可恨了，真是个混蛋！"

你可以在书中遇到各种各样的人，经历现实生活中从没有经历过的事情。如果你能将其与自己联系起来，作为生活的参考，就能更好地发挥出自己的潜能。哪怕是一个无用之人，也能成为反面教材。如果你以这种方式阅读，那么每本书都可以帮助你，让你有所得。

越能以不同的方式进行联系，就越能将书籍的知识活用到自己的生活中。这就是有些人越来越喜欢读书的原因。

第 5 条

格言

把书当成朋友，
你一辈子都不会孤单！

第5章 怎么和书打交道? | 131

第 6 章

你有过沉浸于爱好的体验吗?

喜欢的事情和必须做的事情

你有热爱的事物吗?

初中生和高中生经常在喜欢的事情和必须做的事情之间挣扎。这正是在我身上发生过的事情。上初中时,我爱打网球,我的生活通常以社团活动为中心。但在期中和期末考试前两周左右,为了成功通过考试,我就会切换到学习模式。

当我不得不暂时放下喜欢的运动集中精力备考时,我一时不知道该把劲儿往哪里使,我生平头一次感到六神无主。我知道自己必须学习,但我很难受,因为没有任何活动可以调动我的积极性。

与朋友进行的"聊天式学习法"不仅是我检查自己所学知识的一种方式,也是通过交谈来调剂情绪的一种方式。通过这个方法,我成功地通过了高中入学考试。

进入高中后,我希望自己有健康的体魄,所以再次加入了网球社团。高中的大部分时间我都在打网球，但在考试来临之前，我就会进入学习模式。我的时间分配和初中时一样，但大学入学考试并不像高中考试那样容易。高中三年级的时候，我没有通过大学入学考试，成了一名落榜生，这意味着我得再花一年时间重新学习。这对当时的我来说真的很艰难。

人们常会问：活着能不能只做喜欢的事？如果能做到，那很好；如果做不到，也可以这么想，**做不喜欢的事情会让你做喜欢的事情时更加愉快。**

为了专注于不喜欢的事，你最好有过沉浸于爱好的美好体验。如果你曾经沉浸在某件事中并获得巨大的乐趣，你就会在不喜欢但不得不做的事情上更加努力。

喜欢的事和想做的事中包含了快乐生活的秘诀。

你有过全情投入的体验吗？

当你喜欢在做的事情时，就会充满热情，忘记时间的流逝。你会想一直做下去并做得更多，因为你觉得做这些事很有趣。这是沉浸在爱好中的快乐时光。

有些人说，他们从来没有对什么事情充满热情，或者没有什么事情是他们所热衷的。

"你有什么爱好或技能？"

"没有对什么特别感兴趣吗？"

"你有喜欢的作家、音乐家或球队吗？"

"业余时间，你都做什么？"

"互联网、游戏之类的呢？"

"你有喜欢的游戏吗？"

"是的，我只是偶尔玩玩，但我并不真的那么喜欢它。"

"你有没有玩儿得停不下来的游戏？"

"有的时候，我觉得自己停不下来，但我并没有觉得特别好玩儿。"

如果一个人在面试中这么回答问题，他不太可能得到工作。在求职面试中，这样的人被认为是不可雇用的。

与其说他们从未对某件事情充满热情，不如说对某件事情全身心投入的经历没有作为成功经验留在他们的脑海中。

对某件事情充满热情是一种自然上瘾的感觉，这与人的生活态度有关。如果一个人不关注眼前的事物，就会感到一切都单调和乏味。也就是说，他们没有体会过对某件事情充满热情的感觉。

"喜欢"和"开心"的回路

有时，我们从一开始就凭直觉做事，认为我喜欢才去做。但大多数时候，不是因为你喜欢某件事而对它充满热情,而是当你在做这件事时,它逐渐变得有趣,你开始喜欢它,你迷上了它。

例如,体育课上有马拉松赛跑,俱乐部训练中也有跑步项目。没有多少人从一开始就认为自己爱跑步,但这些人还是开始跑了。跑步时,你会进入一种状态:跑到一半时感到非常痛苦,但到了一定程度后就会变得非常轻松,你的身体变得更轻,不再感到疲惫。你的情绪高涨,内心却很平静,就好像可以一直跑下去。这段时间被称为"静止区"。你会有种沉浸其中的感觉。

不止跑步,当你持续不断地做一件事情,你的大脑会产生让你感觉良好的物质,使你更容易进入这种状态。

体验过这种感觉的人不再觉得跑步是件难事,反而认为是一种相当令人愉快的体验。跑步后,你会感到振奋和满足。你开始想:"也许明天我可以跑得更远"。第二天,当你仍然处于这种状态并能完成更长的距离时，你会感到更加充实并生出一种成就感。

你获得了自信，所以想做得更多。事情变得越来越有趣。当你爱上某样东西，对它上瘾时，就会进入这样的循环：你越做越开心，越开心就越想做。

你身心愉快地沉浸其中，这形成了一个成功的回路。

没有经历过沉浸感和这种快乐回路的人，思维会停留在"跑步实在是太累了"或"这有什么好玩儿的"这个阶段。

唤醒沉浸其中的感觉

每个人在小的时候都曾对一些东西着迷。你喜欢玩沙子，可以把所有时间都花在堆沙子或挖隧道上，堆好了再推倒重建；你喜欢扮演游戏，可以一直在游戏里模仿他人；你努力在假期打工，就为了收集一些小东西：有时是一块石头，有时是一张神奇宝贝卡。

孩子们总对某些事情充满热情。

如果全神贯注于感兴趣的事情能带来成就感和自信心，那么孩子以后就更有可能积极地挑战自己，做自己喜欢的事情。如果全神贯注于某件事情所带来的快乐和成就感不能转化为舒适的体验，他们就无法持续埋头其中。

如果爱好与学习、运动或课程有关，父母会给予支持，但如果他们认为这是无关紧要或很危险的事，就不会再支持了。

"要做到什么时候？够了吧！"

"我说了不要这么做，很危险的。"

"还在XXX，你的作业做完了吗？"

家长们会这么说。如果父母对你感兴趣的东西不满意，你就很难维持一个好的回路。迟早有一天，你会给自己踩刹车，对感兴趣的事情不再有热情。

人都有好奇心，都体验过沉浸其中的感觉。

那些从未热衷于某事，从未将自己沉浸到某件事情中去的人，将沉浸快感的回路封锁在自己的内心深处。他们还没有体会过埋头于某件事的幸福。

初中和高中的时候，你应该唤醒自己的这些回路，成为一个充满活力的人。准备好积极享受某样事物吧。如果你体验过沉浸其中的感觉，你的整个生活将变得与众不同。

怎么才能拥有热衷于某事的能力？

当一个人从小学开始就致力于棒球训练，努力想要达到参加全国棒球锦标赛的水准，一旦梦想破灭，他可能会变得一蹶不振，说："如果没了棒球，我就什么都没有了。"

或者一个人长期以来一直致力于舞蹈，想着要成为一名职业舞蹈家，但后来逐渐意识到希望渺茫，可能会想："如果我将来不能走这条路，我对它的热情就没有意义了。"

然而，这些不应该是热情的终点。

你多年来热衷和致力于完成一件事情的经历将转化成一种埋头其中的体验，在未来的生活中发挥作用。 因为你知道如何去喜欢一件事，你知道如何将你的热情投注其中，你知道那是一种充实感和幸福。

经历过埋头沉浸于某事的人，即使他们在某件事情上失败或不顺，也能在其他事情上继续努力，并借此度过一段充实的日子。

因此，无论如何，**对自己喜欢的东西保持热情是很重要的。**

你应该尝试挖掘那些能激发好奇心和探索欲的事物。至于你能否把它变成未来的工作，则是另一回事。

做一件事情的时候，你感觉最像你自己，和你能否做好一份工作没有关系。热衷和擅长有微妙的差别。

要成为一个专业人士很难。即使你擅长某件事，有些人可能会做得更好，你不一定竞争得过他们。

有时，你把爱好作为工作会很开心，而有时，你把工作和爱好分开会更开心。

但是**在未来，热衷于某事的能力可以应用于许多不同的方面。**

你身上有哪些新的可能性呢？为了找到答案，**你应该不断扩大你的爱好**。最好将你的兴趣扩展到不同的领域。

增加爱好的方法

增加爱好最好的方法是充分保持好奇心，去尝试那些你觉得有意思的事情。

如果你有哥哥姐姐，就可能会比同龄人更快接触到新事物。他们听的是你同学还不知道的西方音乐，你受他们的影响成为一名粉丝；你比你的同学提早读了一本书……这些都可能让你领先于同龄人，成为对某件事情上瘾的催化剂。当你的朋友更早地获得某种东西时，他们也可能为你开辟一个新的世界。

当别人说起一些他们认为好的或者有趣的东西，用开放的态度欣然接受："我不认识那个音乐家，但我会听听。"**重要的是不要有偏见。**不要一上来就排斥以前没有接触过的东西，要问自己"这是什么东西呢"或者"这有什么好处呢"。

有时你也没料到，有一些东西会引发你的兴趣。

我很感激我有机会遇到各种各样的事情，也感激有人告诉我一些我从未接触过的事情。

只知道一个东西，却认定只有它，这是狭隘。用食物举例，这是偏食。如果你知道很多不同的东西，你开始意识到"这个好、那个也好"，你就可以扩大视野，加深对事物的理解。尝试不同的食物，可以了解不同的口味，之后发现自己的喜好，这就是了解不同事物后带来的深度。只吃一种东西，说着"就这些"的人所知道的世界，与了解更多的人深度不同。

了解之前不认识的事物，这个过程很有趣。

爱好带来幸福感

有一个电视节目叫作《松子不知道的世界》。在这个节目里，人们谈论自己所沉浸的世界，他们似乎从中获得了很多乐趣，而且他们总能发现一些欣赏事物的特殊角度，这很有意思。

有些人喜欢一件事，就把它变成了自己的工作；另一些人从事一份工作，把爱好只当爱好，并沉浸其中。有的高中生研究蚊子，有的初中生研究盆景。

当你有喜爱的事物，并想更多地了解它，你就需要学习。当你想尽情地做你喜欢的事情，你也需要学习。

如果你有爱好，那么这个世界就会变得有趣。即

使面对艰难困苦，如果你有喜欢和热衷的东西，就会对生活充满热情。

有人可能会说："每一天都过得不好，活着很不容易，我想死。"但是，当他有了一个偶像，并成为一个忠实的粉丝时，他开始相信生活里并不全是坏事。当有什么东西让我们沉浸其中，人就不会想死。拥有爱好就是这么重要。当你上初中或高中的时候，能够认识到世界上有很多丰富、深刻和有趣的东西，生存下去的劲头儿就更足了。

你想和人们谈论你喜欢的事物。即使是不善言谈和社交的人也可以谈论他们的爱好。我认为，**朋友就是那个你喜欢和他谈论爱好的人。**

当你们喜欢同样的东西时，很容易打成一片。即使喜欢不一样的东西，也可以分享彼此的感受，得到启发，了解彼此的不同。这样的朋友不需要太多，有一两个就足够了。即使你周围没有这样的人，也可以在互联网上找到有共同兴趣的人，和对方产生共鸣。

如果你有喜欢的事物，你就不会感到孤单，你可以跟人沟通分享。如果你喜欢的东西不止一个，你就可以与更多的人交流。**增加爱好，就等于增加可交谈对象的数量。**

不要否定别人的爱好

当别人说"我喜欢这个"时，有些人会否定道："哦，这有什么好的？你是什么品味？"

听到这个评价的人会非常难过。首先，他们因为别人贬低自己喜欢的东西而受到伤害；其次，他们因为别人否认自己的品味而受到伤害。这是一种双重的伤害。请记住，**否定别人喜欢的东西是语言暴力。**

说实话，直到 20 岁出头，我仍在因为直言不讳而伤害别人。那时的我认为，说出真实想法是真诚的表现。但没有人喜欢被人否定自己喜欢的东西，他们只会觉得你是一个说话难听的人。因为这个原因，我失去了很多朋友。即使有聚会，人们也逐渐不再和我说话。

基于这些教训，我想对你们说：不要否定人们喜欢或重视的东西。

这并不意味着你应该撒谎。如果有两个东西，A和B，不要说"A比B好"或者"不，B更好"，**而要说"A有A的好处，B有B的优势"**。

A是好的，B是好的，C是好的，Z也是好的。每个人都不同，每个人都有各自的优势。

不要否定别人的兴趣爱好，而要说"哦，这很好"或"那也很好"。要做到这一点，你需要有一个宽广的心胸，能够注意到各种美好的品质。

这很好，那也很好，世界就会拓展

三浦纯用"很迷"一词来描述他所喜欢的东西，如"我最近很迷XX"。当我听到这句话时，心想，这是一个很好的表达。

当我爱上某种东西时,我也会频繁地加深着迷的程度。比如,当我听到一首好听的爵士乐,我就会去听各种爵士乐。我迷上爵士乐时就是这么干的。

如果我喜欢探戈,我就会听很多很多的探戈歌曲。听了很多探戈曲目后,我发现有这么多不同种类的探戈,探戈音乐的范围是如此广泛,我就可以知道探戈并不是浅显的舞蹈门类。当你认识到"探戈居然有这么广的范围啊",就不会简单地认为"探戈有什么了不起啊"。

有一段时间我专注于听古典弦乐,有一段时间我只听演歌①,有一段时间我沉浸在20世纪80年代的日本歌曲中。这里不仅有我主动发现的东西,也有别人推荐或向我提起的。"你知道XX音乐吗?"当我

---

① 日本特有的一种歌曲形式,最初由一人边演奏边唱,另一人表演。可以理解为日本的经典老歌。——译者注

听到别人这么说，我会立即去找来听听。我也听现在的偶像歌曲，甚至去体验过地下演唱会。还有一个时期，我沉迷于落语①。

当我在短时间内集中聆听各种类型的音乐时，爱好的数量也在迅速增加。我现在能够与各种人谈论我喜欢的事情。

我可以与很多人侃侃而谈。在听到别人的爱好时，我不会否定他们，而是说"哦，这很好啊"。这种认同使对话更加有趣，谈话的人很高兴，我也很享受这种感觉。它使人际交往更加顺畅。

从爱好中生发出的精神富足

当你遇到一些新的事物，会发现 A 和 B 是相关联的，B 和 C 是相关联的，B 和 D、E 也是相关联的。

---

① 日本传统曲艺形式之一，类似中国的单口相声。——编者注

由于大脑中无数的神经元突触被联结起来，一种联结的快乐在大脑中产生，就像邂逅不同人的快乐。

爱好的联结会给你带来更多的快乐。当你积累了越来越多的爱好，内心也会变得越来越丰富。我相信，这种丰富就是所谓的教养。教养不仅仅是指拥有高水平的知识或了解有难度的事情。了解漫画、流行音乐和食物的味道也属于文化和教养。

读书、听音乐、欣赏美术作品、看电影，大量阅读、倾听和观看，在各种领域上拓展自己。想要拓宽兴趣，你得多读、多看、多听。这样，你就会获得知识，变得耳聪目明。

去寻找那些让你想知道更多和学得更多的东西。珍惜沉浸在那个世界里的感觉。这就是求知欲。

你对自己说"我也喜欢这个"的次数越多，你获得的知识就越广泛和深入。

能够从客观的角度谈论事情，这就是教养。

据说，手冢治虫经常对住在常盘庄想成为漫画家的赤冢不二夫说："看第一流的电影，听第一流的音乐，品第一流的戏剧，读第一流的书，然后创造你自己的世界。"

即使你想成为一名漫画家，重要的也不仅仅是学习漫画。他说，接触各种一流的东西，培养自己的感性是很重要的。

换句话说，要有一颗好奇心，才能有渊博的学识。

讨厌的事情和想做的事情

当我在你这个年龄时，我没有看到学习和教养之间的联系，认为学习是一件被迫或义务要做的事情。而教养是我感兴趣的东西，是可以按照自己的意愿自由探索的东西。

我不喜欢学习，但我渴望提高自身的教养。我想，如果去东京大学，我将能够全面提升自己的教养。所有进入东京大学的学生都在第一或第二年进入教养学院[1]学习。我想去最好的大学提升教养。所以，我必须通过入学考试。这么想后，我找到了学习的意义。

进入大学后，我才意识到**学习和教养是有联系的**。

如果你勤奋地学习英语词汇，你将能够阅读长文章，直接从英文原版书中获得你想知道的内容。而学习历史可以让你看到大局：西方在什么时期是什么样的，中国在什么时期是什么样的，日本在什么时期是什么样的，世界是以哪种方式联系起来的。

在数学中获得的逻辑思维能力也有助于我们理解哲学思想。

如果教养的果实长在一棵高高的树上，那么学习就是在搭建一个梯子，使我们能够从高处采摘成熟美

---

[1] 日本高校中设置的一种专业，多以英文授课，授课内容涵盖了世界各大领域的最新情势，旨在培养学生全方位、多角度、跨学科的思维模式和发现问题、分析问题、解决问题的综合能力。——编者注

味的果实。如果教养的鱼在知识的海洋里游来游去，那么学习就是制作一张大网，让我们捕到大鱼。我意识到，学习能帮助我变得更有教养。

我很高兴没有放弃学习，没有说"我不喜欢为了入学考试而学习"或"那里没有我想做的事情"。

做不喜欢的事情，会让你做喜欢的事情时更加愉快。

应该不断增加、加深和扩大爱好。其实，不喜欢的事情往往与喜欢的事情有关。你目前可能没有发现这一点，但你最终会意识到。

第 6 条

格言

不断地沉浸于

喜欢的事物！

燃烧热情的火种！

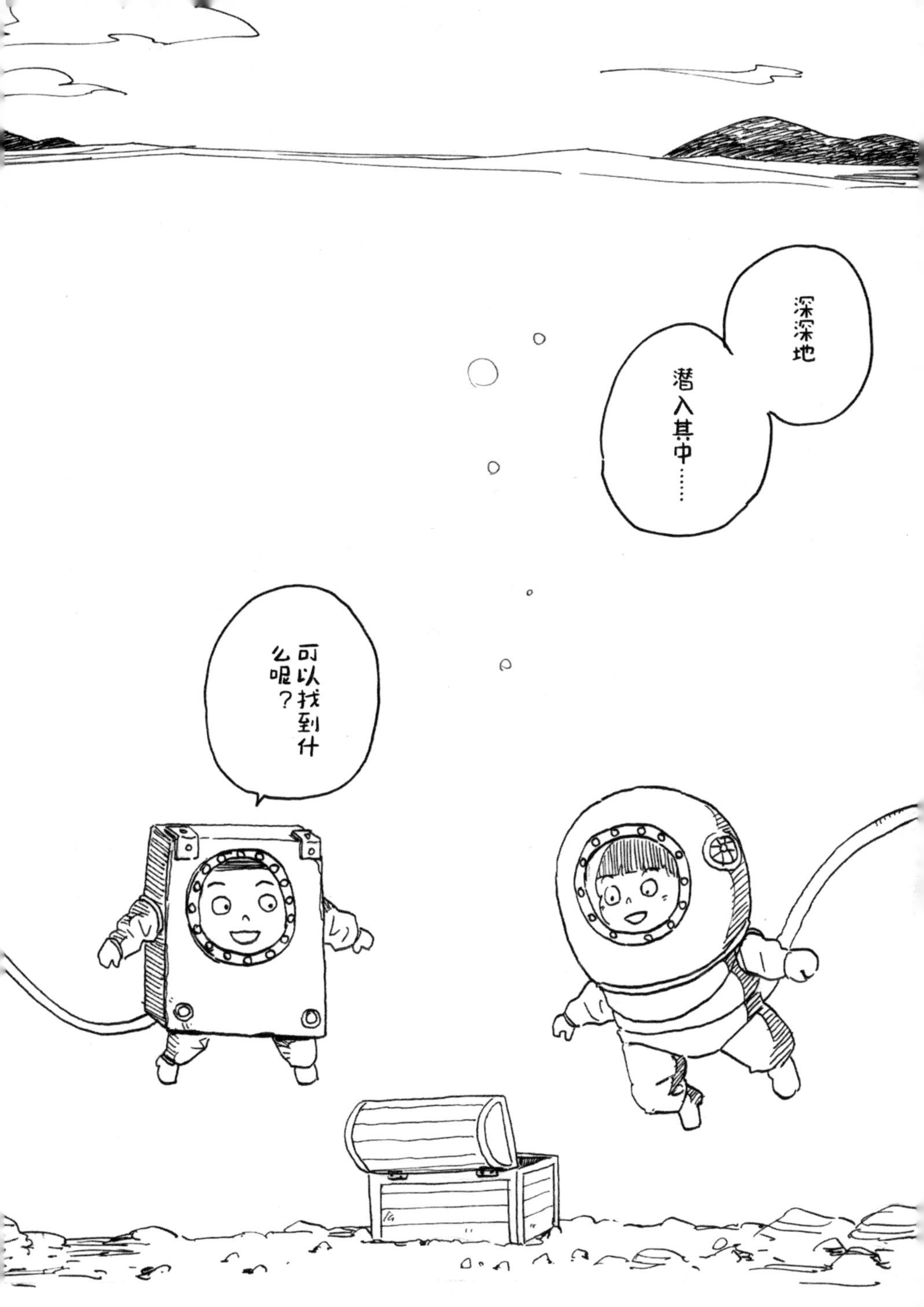

深深地潜入其中……
可以找到什么呢？

第 7 章

青春期可以叛逆吗？

不要陷入叛逆期！

中学生通常对亲密的朋友很友好，却经常对同龄人以外的人发脾气。他们在语言和态度上都开始变得粗暴。有些人从小学高年级就显露端倪，有些人则到高中才开始转变。人们称这段时期为青春叛逆期。

有些人认为这是青春期特有的激素失调的问题，我们无能为力。但我认为，这不是不可避免的。并不是每个人在这个时期都会遇到这个问题。如果你在这一时期不反叛，也不意味着以后就不能成为一个合格的成年人。

统计显示，在一些沟通顺畅的家庭中，青少年很少出现叛逆的行为。

青少年对同龄人都很温和，能非常幽默地对待自己的好朋友。这就说明他们不是不能抑制自己情绪的波动，而是把自己暴躁的情绪倾泻给了那些他们觉得无所谓的人。朋友对他们来说很重要，所以才对朋友友好。但父母就不同了，他们不怎么把父母、老师当成必须好好相处的对象。

现在的成年人不会像以前那样严厉地责骂孩子，他们试图理解，尊重，以一种柔和的方式与孩子交流。如果孩子不需要努力和家人沟通就能与家人建立良好的关系，他们就没必要控制自己的脾气。我认为孩子在利用这一点，对他们的长辈发火。

我认为这不是叛逆，而是幼稚、不成熟的表现。只有不会说话的婴儿才会完全凭感觉行事。**一个在身体和精神上都已经长大、即将成为一个合格成年人的人，表现得如此幼稚、喜怒无常，这本来就是错误的。**

"不好，现在我可能会泄露自己的坏情绪！"当你意识到这一点，就需要调整自己的情绪了。

不良情绪会破坏环境

我觉得,今天的中学生很善于运用社交软件沟通,而且回复速度非常快。

在与朋友沟通时,你有时会疑惑:"为什么对方看过信息却没有回复?"你对细节十分敏感。可见,你有能力控制好自己的情绪,只不过你习惯忽视周围的成年人。这就是问题所在。

你需要谨慎对待的不仅仅是朋友,还有与你交往的每一个人,这是作为一个人应该有的行为方式。

谨言慎行是一种思维习惯。如果认为照顾他人的感受是一件特别的事情,那你就错了。**做任何事情的时候都需要考虑他人的感受。**唯有独处时不需要。

有人的地方就会有气场。气场是人和人之间的能量场。无视这一点,随意地把个人的情绪波动扔给别人,使气氛变糟,就是污染环境。

情绪是会传染的。如果有人引入不良情绪的病毒，这个地方就会被病毒感染，使气氛变得凝滞，环境变得越来越污浊。传播不良情绪的人就是在破坏环境。

比如，你有一个总是情绪化的老师，班级的气氛就容易变得紧张而糟糕。再比如，有人情绪激动，在社交媒体上攻击别人，引起其他人效仿，气氛就会恶化。即使只是言语上的交流，不良情绪也会传染。

聪明人不会散播不良情绪

无论在什么环境中，你都不应该散播不良情绪。不管是朋友、家人还是碰巧在火车上遇到的陌生人，都应该纳入你考虑的范围。真正聪明的人是了解并能做到这一点的人。

首先，你得知道，你的不良行为会污染环境。知道这一点是改变的第一步。一旦意识到这个问题，就可以努力做出改变。知道这一点却仍然我行我素的人不聪明,这些人对环境没有想象力。

制造不良情绪是一种癖好。在你意识到坏情绪的时候,它其实是可以被压制的。但问题是,当你发脾气的时候,你往往意识不到它。有些人说他们"不是故意的",却屡屡犯同样的错误。这样的坏习惯必须彻底纠正过来。

我一直告诉成年人,他们可以控制自己的情绪,制造不良情绪是一种罪过。我相信,如果一个人从初中、高中开始就有这种意识,肯定会对他的将来有好处。

情绪是可以控制的。正如不打扰他人一样,不使他人感到不舒服也很重要。这是人际关系的基础。有意识地努力保持良好的心情将改变你周围的环境。

尽管如此，仍要保持好心情

我对好心情的定义是什么？就是无论你是否高兴，都要时刻保持开朗平和的心态与他人交往。

人们常常误以为这是在假装开朗、和善。不是说要装作自己很好的样子，也不是忸怩作态或树立虚假人设。这么做是为了让你的情绪波动不影响你的人际关系。即使感到沮丧、生气、悲伤、抑郁或任何其他负面情绪，你都应该说："别管它，这跟眼前的人没关系。"你可以带着这样的心情摆脱负面情绪。你只要想着"一码归一码"，就能做到随时心平气和地面对他人。

我经常告诉大学生，试着对自己大声说："尽管如此，仍要保持好心情。"

"尽管压力很大，很烦躁，我仍要保持好心情。"
"尽管昨晚没有睡够，我仍要保持好心情。"

"尽管找工作又没成功,我仍要保持好心情。"

"尽管我因为经历了很多事情而感到沮丧和抑郁,我依旧要保持好心情。"

如果你将这种处理方式变成一种习惯,就能够控制自己的情绪。而当你能自如地控制自己的情绪时,你会感到比之前更有活力和新鲜感。好心情不能靠别人获得,而是要靠你自己。

即使是初中生,也能做到这一点。如果你在学校过得不好,回到家也不应该对妈妈发脾气,因为这不是妈妈的错。

要有"尽管感觉很糟糕,但我仍要保持好心情"的想法。比如你正想回房间学习,却因为有人说了一些烦人的话而生气。以前,你可能会回敬一句"闭嘴",现在,试着通过"虽然怒气冲冲,但我仍要保持好心情"来克服它吧。

从小事做起

如果你不能进入"尽管如此,我仍要保持好心情"的状态,至少每天都要**适当地与人打招呼**。诸如"早上好""我走了""我回来了"……问候是表达"我关心你"的一种方式。如果能达到这种最低限度的沟通,对方就不会觉得你是个难以相处的人。你可以从今天开始做这件事,在问候中改变自己。

你也可以改变你的面部表情,比如停止皱眉,开始嘴角带笑。我们在开心时都会自然地微笑。微笑可以放松我们的面部肌肉,释放压力。不是因为开心才笑,而是因为笑会让我们的心情变得平静。

改善与他人关系的另一个方法是适应他们的气场。与合得来的人相处融洽是很正常的,但要和一个合不来的人相处,你必须学会适应。即使你有不同的意见,也不要否认他们所说的,或试图打压他们,而是说:"哦,好吧,这是另一种看待问题的方式。"你要学会**适应他们的观点**。对于你们这一代由社交网络训练出来的人来说,这应该不难做到。

一个重视良好感觉的社会

世界上有一种东西,叫作时代的氛围。例如在日本,被称为经济高速成长期的昭和时代(1926—1989年)是一个充满活力的时代,但那代人缺乏现代人的敏感度。那时,经济发展是第一位的,人们对环境污染的认识不如现在。那个时代的人比今天更粗鲁,更荒唐,职权骚扰随处可见。而今天,人们越来越敢于反抗职权骚扰。

我们生活的时代与昭和时代截然不同。在高度成熟的社会中,我们需要考虑环境和其他人。

我们正处于一个社会高度成熟的时代,一个重视良好感觉的社会。感觉不舒服，事情就进行不下去。

如果顾客对店员的印象不好，就会产生不好的购物体验，继而在互联网上传播，商店的声誉就会受损。这种情况经常发生。解决这个问题的关键是，商店雇用的人要愉快地接待顾客。

快递员除了懂驾驶和运送包裹，还得会轻松地与客户交谈。无论他们车开得多好，做事多快，多出色，如果在递送包裹时态度不好，让人感觉不舒服，他们就会收到差评。

你可能觉得，对于那些从事大量研究工作的人来说，这一点无关紧要。恰恰相反，良好的沟通能力仍然必不可少。在团队中做研究，合作很重要。另外，做研究要持续花钱。如果研究成功了，认可研究成果的企业才会给予资金上的支持，让研究继续进行下去。要想得到支持，就必须让人们对自己的研究感兴趣。

良好社交的重要性

今天，社会上有一种风气，好像你不必与其他人相处，只要能接触到互联网，就可以独自生活。

确实，现在即使不去学校，也有很多方法自学。甚至足不出户，就能实现轻松购物。在工作方面，似乎也有不进公司也能工作和挣钱的方法。但在现实中，情况并非如此。

你仍然需要沟通技巧。而且，你比以前更需要通过让人舒服的方式开展人际交往。

有些人说："我不打算为别人打工，我要做一个自由职业者。"

成为一名自由职业者意味着要在不同的场所工作。公司雇员只在一处上班，而你不同，每次去一个新的工作场所都必须与那里的人建立新的关系。因此，你需要与更多的人沟通。

你没有其他的选择。人们说，自由职业者是自由的，也是好脾气的。确实如此。如果没有人际交往的技巧，无法与不同地方的人相处，那么作为自由职业者，你将难以开展工作。

今后，无论去哪里，做什么，你都需要有良好的沟通技巧。

如果你认为沟通不是你的强项，而你只想做不需要与他人打交道的事情，你会发现生活举步维艰。

感觉良好排在能力之前

如果在学生时代就有人教我这些东西，我会更早地意识到沟通的重要性和让人感觉舒服的重要性。

读研时，我沉溺在不良情绪里。即使在一般的谈话中，我也会指出别人的错误，强烈地表达否定的看法。那时的我认为这是一种正直的为人处世的方式。

我以为，维持本性就能得到别人的喜欢，做正确的事就应该被大家接受，只要有能力，我就会得到认可。由于我行我素，没有人愿意和我共事，20多岁时我仍然处于失业的状态。

攻击别人是不好的。这会让人感到不舒服，没有人愿意给这样的人提供工作机会。人际关系，排在你的才能或工作能力之前。你必须先具备与他人轻松打交道的能力，才有机会得到工作单位的认可。**一个能够照顾他人情绪的人，才能在社会上站稳脚跟。**

后来，我反思了自己的错误并幸运地找到了一份大学讲师的工作。

基于这些痛苦的经历，我开始向人们讲述构筑人际关系以及提高沟通技巧的重要性。不要以为你不需要沟通技巧。不要以为能力很强，你的暴躁脾气就可以被原谅。**不要随意树敌，更不要随意伤害别人。**

不这样做，你的人际关系就会恶化，许多事情也会出问题。你会觉得越来越受人排挤。这种感觉令人窒息。

现在回想起来，我传播的不良情绪是在破坏环境。

为了避免长大后悔恨，现在就做出改变吧。

暂且保留判断

初中、高中的时候，我们总是倾向于把其他人简单地归类为自己的朋友或敌人。在你认为的朋友面前，你放开谈论各种事情。在你认为的敌人面前，你会在心里套上盔甲。然而，你认为有些人是朋友，实际上却不是。如果你和你以为的朋友有过不愉快的经历，你大概率会对人失望。另一方面，你认为一些人是敌人，实际上也不是。

看清一个人并不容易。不要马上认定某个人是敌人或者朋友，可以**暂且保留判断**。不明敌友的情况下，以**良好的心情面对，轻松地与之交谈**就可以了。

有些人既不是朋友也不是敌人，与他们没有亲密到成为朋友，只是偶尔遇到时能够愉快地交谈几句。对于那些你持保留态度的人，保持适当的距离，既不过分亲近，也不过分疏远。在接触的过程中，渐渐了解对方，你就会有"好像能再亲近一点"或"好像有点不合适"之类的感觉，然后再确定与那个人之间应保持何种距离。

长期保持一种适度的关系是很舒服的。

其实，与其按敌人、朋友、保留判断这三种分类来考虑，不如和大多数人都在保留判断的状态下交往，不是更轻松吗？

有一两个人可以听你倾诉烦恼或和你深入交谈，这就足够了。这就是好朋友。其他人都可以放在"保留判断"的范围里。

如果你把遇到的每个人都算作朋友，朋友的数量是增加了，但却不能使你的人际关系更广博。**朋友的重要性不在于你有多少朋友。**

而且，也不要制造敌人。如果你觉得某人很可怕或者会伤害你，就不要和这个人交往。

我结交了很多相处融洽、关系适中的人，以及少量的精英盟友。如果周围的人只有这些，人际关系上的压力就会小很多吧。

爱好带来愉快的闲聊

想和刚见面的人愉快地交谈，可以谈什么？闲谈就是了。但要注意一点，就是认可对方喜欢的东西。

如果对方是一个爱狗人士，可以多谈论他的狗。为了和对方产生共鸣，你可以说"狗很好"，继而开始谈论狗。这不是在社交网站上点赞，而是开展真正的对话。如果喜欢猫的人说"猫很可爱"，你也可以加入谈话，和他分享在视频网站上看到的一个有趣的猫咪视频，谈话就一定能继续下去。

以友好的方式谈论这类话题，然后结束谈话，离开现场。随意地聊聊，不要过于深入。

诀窍是谈论对方喜欢的东西，而不是谈论你自己或你喜欢的东西。我和喜欢剑道的人谈论剑道，和喜欢国际象棋的人谈论国际象棋，和喜欢爬山的人谈论爬山。即使我自己知道的不多，我也能听他们说。

就算只是站着聊一两分钟，如果我善于谈论对方喜欢的东西，就很容易让人觉得我们在一个良好的氛围中相处，而且我是一个令人愉快的人。

我把这称为闲谈的力量。这不仅仅是聊天，还是一种可以通过练习和掌握诀窍来提高的技能。

当然，你可以谈论天气。你可以说"天气很冷"或者"今天天气晴朗，让人的心情也跟着好起来"。但无论你和谁谈论这些，都不会给彼此留下深刻的印象。

有些话你应该对特定的人说，有些事你应该问特定的人。如果你问对了人，谈话就会变得愉快。不要问那些你不愿意听到的事情。

谈论对方喜欢的事物肯定会让他感觉更好。即使在很短的时间里，也可能给对方留下"与那个人交谈真愉快"的印象。

爱好增加认识人的机会

仔细想想，获得社交能力也不是那么复杂。只要微笑着聊天，谈论对方喜欢的东西就可以了。

任何时候都要养成思考"对方喜欢什么"的习惯，记住这个人喜欢这个，那个人喜欢那个，然后在谈话中自然地谈起。这种聪明才智和快速反应的能力是通过闲聊磨炼出来的。

在上一章中，我们谈到了增加爱好的数量。如果你只喜欢一两件事物，你就只能和喜欢这些的人交谈。如果你喜欢很多东西，觉得这个也好，那个也好，就可以和更多人交谈。喜欢的东西越多，就越容易与人交谈，交际起来也就越容易。

爱好相同的人之间，往往可以产生共鸣，彼此意气相投。依托爱好联系在一起的人，也能进行一些熟人之间才有的深入交谈。许多时候，好友或同盟的关系就是通过相同的爱好建立起来的。

与不熟悉的人打交道

上中学时，如果你有意识地发展闲谈的技巧，就会在交流中获得自信，过上相对平顺的人生。

最后，我想告诉你，与不太熟悉或不太了解的人打交道时要注意什么。你要让他们认为你是一个讨人喜欢的人。为此，你需要无论何时何地，都保持一个好心情,在遇到不开心的事时告诉自己:"尽管如此,我心情仍然很好。"

为了向那些不熟悉你的人展示自己,你应该:

①看着他们的眼睛;

②对他们微笑;

③聆听对方的话,并点头附和。

只需要这样,就可以让人们觉得你讨人喜欢。

任何人都可以通过练习做到这一点。在与朋友和家人交谈时,请你尝试这样做。

你也可以和陌生人一起练习。例如在车上给老人让座的时候,与其站起来默默地让出你的座位,不如看着对方的眼睛,微笑着说"请坐"。虽然让座的行为是一样的,但对方感谢你的方式却会不同。

许多中学生说他们不善于与成年人交往,因为没有多少机会与比他们年长的人交往。这是因为他们不习惯与成人一起练习。要想在社会上与人好好相处,重要的是要对不同年龄、性别、文化和地域的人持开放的态度，并与那些与你想法不同、价值观不同的人友好地互动。

如果你学会了如何以友好的方式与你不熟悉的人互动，你将无所畏惧。所以我相信，让人感觉舒服和快乐是聪明的一个重要前提。

第 7 条

格言

做个开朗的人。
成为一个让自己和别人
都感到愉快的人。

第7章 青春期可以叛逆吗？

第 8 章

如何聪明地生活？

道路不止一条

未来，你会遇到很多困难。

我不认为在困境中变得坚强，是只凭借坚强的内心或充足的干劲儿就可以做到的。重要的是，你要知道，无论在什么情况下，你都有另一种选择，另一种方法，另一种做事的方式，无论你现在是否意识到这一点。即使你很脆弱，或者自认为意志薄弱，如果能想到还有其他选择，你就能渡过难关。最糟糕的是，遇到问题时你陷入了绝望，困在了这是唯一的解决办法的思维定式中。如果过于忧虑，你的视野就会变得狭隘，只能看到支配内心的情绪，不再思考其他的可能性。

有一次，我去高知县参加一个讲座。路过坂本龙马纪念馆时，我停留了一下。在那里，我看到一件T恤上有一句话写得很好，就买了下来。"**人世之路非**

独木桥。亦有百路、千路、万路可通。"这是司马辽太郎在《坂本龙马》里面写下的话。处理事情的方法有很多，人生也有许多道路可以选择。坂本龙马是一个具有灵活思维的人，总是在想"一定有另一种方法"或"这也是可能的"。

我想，**头脑中有各种思路的人就是真正的聪明人。**

如果你能想到生活的各种可能性，就不会那么焦虑。焦虑越少，生活就越轻松。事实上，如果你一直认为还有其他方法，事情就会如你所愿。

接受自己的选择

做选择的时候，总有这样那样的选择。一旦做出选择并采取行动，以后就不应该再纠结。

例如，有些人发现社团的活动很难，前辈们很严厉，觉得很难继续做喜欢的事情，所以就想放弃。当他们读到我在第三章写的"在社团活动中体验前辈、后辈的关系，提升人际交往能力"时，可能会想："哦，我无法忍受与前辈的关系，所以我将无法提升人际交往的能力。"继而感到烦恼："也许我不应该退出……"

就算退出也没关系。退出社团活动，并不意味着不能提升人际交往能力。

每个人的情况不同，感受到的艰辛和痛苦也不同。你已经做出了自己的决定，**停止或者继续，怎么选择都可以**。相信自己做的决定。总是想着没有做出的选择也无济于事。

接受自己做出的选择，会让内心平静下来。你要对自己说，以后的事以后再说，我现在不去想这个问题。"原来，社团活动是一项人际关系练习，一个横穿十字路口的练习，我当时怎么没有想到。"了解以后，你转念一想："这没办法，我当时没意识到。

那我就在未来的生活中多练习人际交往，弥补这一点吧！"

过去的事情无法改变，但未来的事，我们可以参与。

这是最好的！

重要的是根据自己的意愿做出决定。

在入学考试中失败了，没进想去的学校，不得不去第二志愿的学校……这种情况屡见不鲜。然而，有些人永远纠结于他们没能进理想学校的事实。他们觉得如果去了那里，就会像金子一样发光。他们整天郁郁寡欢，说什么"这个学校什么都不是"或"这里很无聊"的话。

但也有人说："我没有进那所学校是因为我的能力不足，所以才来了这里。就让我在这里度过充实的校园生活吧。"这两种人，哪种能度过愉快的校园生活，不是一目了然吗？

永远沉浸在未实现的梦想中是没有意义的。**你必须摆脱那些没有实现的事情，迅速做出调整。**

如果这个行不通，想一想下一个最好的是什么。如果下一个也不成功，就想下下个最好的选择是什么。

在某个时间点，你做的选择就是当时的最佳选择。比如第二志愿是指在世界众多学校中，你选择了第二好的学校。不要抱怨你别无他选，而要认清当第一个选项失效时，它就是最好的选择。

如果你总能**在可供选择的方案中做出最好的选择，或者做了当时能做的最好的事**，就很少会对结果感到后悔。

转换的能力在未来将会越来越重要。它是生存下去的力量。

用转换的能力改变现实

在美国商人戴尔·卡耐基的《人性的弱点》一书中,有这样一句话:"**如果命运给了你柠檬,就做柠檬水。**"

柠檬是酸的,象征你不太愿意接受的东西。如果命运给了你柠檬,你应该考虑如何充分利用它,而不是抱怨:"给柠檬有什么用?"柠檬水是一种酸甜可口的饮料,人人都喜欢。换句话说,你可以把一件让你反感的事变成一个机会。

我有一个来自乌兹别克斯坦的朋友。有一天他告诉我,他和他女朋友分手了。

我问:"你一定很伤心吧?"

他爽朗地说:"我现在已经没事了。**巴士会再来的。**"

我问:"欸,乌兹别克斯坦有这样的谚语吗?"

他说:"不,这不是谚语,是我自己说的。"

我听了他的话,觉得"巴士会再来的"是一个用来转换心情的妙句,真想把它印在T恤衫上!

以清晰的头脑向前看,认为"巴士会再来的",虽然不能改变失恋的事实,但只要想着"机会还会来"或"我还会遇到更好的人",生活就充满了光明。这就是转换想法的力量。

生活中不是只有一种解决方法。 转换的能力是一种改变现实的思维方式。生活是不公平的,我们无法掌控所有的事情,但可以转换思维来重新审视它。

令人欣慰的是,许多鼓舞人心的话语让我们拥有转换能力,从而改变不好的结果或不愉快的现实。

生活有很多选择

我已经举了很多例子。

如果事情一直进行得很顺利，那自然很好。如果没有放弃社团活动，它就可以继续给你带来乐趣；如果考上了第一志愿的学校，你会更有动力；如果没有失恋，你与所爱的人相处愉快，你会收获幸福。

然而，你永远不知道未来会发生什么。

生活中，走任何一条路，事情都会变成它们应该有的样子。

回想起来，大学入学考试失败时，我也曾无比震惊。上了研究生院后，我在研究方面非常努力，但当我在任何地方都找不到工作时，我也曾非常沮丧。如果我没有改变心态，调整自己，就不会有今天的成就。

如果你拥有转换想法的能力，就可以随时重新开

始。这就是它在生活上赋予你的力量。

我教的一个大学生在找工作时遇到了困难。他不断地被拒绝。当他一次又一次地收到拒绝录用的消息后，他觉得自己是一个无用的人，在这个世界上不受欢迎，他觉得自己快崩溃了。即便如此，他也没有一直消沉下去，因为要找到一份工作就必须改变想法，继续前进。他连续失去了50份工作机会，但他没有放弃，最终被第51家公司录用。他心想"太好了"，但加入的公司出现了一些问题，很快就发不出工资了。他不得不再次寻找机会。我想成为一名教师，他想。于是他开始学习，参加教师招聘考试。

现在他成了一名教师，他很高兴。"还好当时工作的公司没有付给我薪水，我才踏上了这样一条路。"

有些人可能会想："如果是这样的话，你应该从一开始就选择成为一名教师。"的确，这会省去很多麻烦。然而也可以说，经历这个过程才决定成为一名教师，这个人在思想上已经做好了要努力做个教师的准备，所以可以做得更好。教书育人很艰辛，但我认为他不会轻言放弃。正因为这个决定来之不易，他才能够下定决心在这条道路上拼尽全力。

波折也是好事。如果你能意识到"是我遇到的困难促使我现在站在这里"，就会把困难看成是你积累的经验。即使没有改变发生的事情，你也可以改变你的心态。如果你有转换想法的能力，不仅可以改写未来，还可以将过去的挫折变成经验。

"反而好"的积极心态

你必须养成转变思想的习惯。当你调整消极看问题的方式，拥有一个积极的心态，就会轻松很多。从**"反而好"或"反而开心"的角度**想问题是一个好办法。

走在从学校回家的路上，天突然下起瓢泼大雨，你连内衣都湿透了。但是，你不是每天都会像今天这样被大雨浇透。如果你想"这样反而很开心"，它似乎就变得不那么令人不快了。

想要的手机卖光了，你感到失望。但是过一段时间会有设计得更好、价格更便宜的新产品上市，到时你就会说："还好没买到，真幸运。"

即使一所学校不是你的第一志愿，也肯定有让你觉得不错的地方。"正因为我没考上那所学校，所以现在才在这里，这样反而不错。"如果你能这么想，每一天就会变得更美好。

生活中有很多这样的事情，就看你会不会这样思考。

很多时候，一些体育明星说："我之所以成为现在的我，是因为经历了那次失败。"一时的失败成为一个人拼尽全力的动力，让他逐渐拥有现在的实力。这么看来，失败反而是一件好事。

比赛中，对方阵营因为获得观众的支持而战斗力大增，压制了我方。我方尽可以放手一搏，重新赢得观众的支持，使气氛更热烈，反过来压制对方。遇到困难时，如果你抱着"这反而很有趣"的态度，就能全身心地投入比赛。

这意味着，**我们能够把各种事物的正反两面都纳入"有趣"的范畴。**

遇到任何情况，你都觉得"反而好""反而开心"，就不会再害怕失败了。因为失败中也能找到乐趣。

中学里没有不可逆转的失败。你可以用"不，这反而好"的态度看待一切失败。

有句话说，花钱也买不到年轻时的困苦。如果你没有经历任何困难，那当然很好。如果不是，也没关系。人生并不总是一帆风顺的。

人都会犯错。孔子说："过而不改，是谓过矣。"**重要的是知道如何克服它，以及如何安排今后的生活。**

不要自暴自弃

面对痛苦，人们常常会陷入绝望，不知道如何面对。

年轻时，我们很容易被一时的情绪冲昏头脑，产生"只能这样"或"只能这么做"的无力感。事实上，生活给了我们很多选择，只是我们没有意识到而已。

我在和你们差不多大的时候，也常常随口说出一些自暴自弃的话，对困难感到厌倦，想要逃避。

但是，**语言在使用中变得有力量**。一旦开始说那些消极的话，慢慢地，你的想法和行动就会变得越来越软弱。

所以，不要消极地看待事物。消极的想法就像一条条钻入心灵缝隙的毒蛇。你必须把它们从心里拽出来。

不仅对自己如此，对别人也是一样。你必须记住，这些话是有毒的。

为了幸福使用头脑吧！

什么是真正意义上的聪明？大概是：生活在现实世界中的我们，思考如何应对生活的方方面面，获得属于自己的幸福。

为了生活得更好，人们变得更加聪明。我认为聪明是为了实现人类幸福而应该被活用的东西。就是说，为了幸福，必须使用头脑。

重要的是灵活。越聪明、越灵活，就越能坚强地、有智慧地生存下去。

第 8 条

格言

从现在开始,尽己所能!
这条路行不通,还有别的路。
真正的聪明是意识到了这一点。

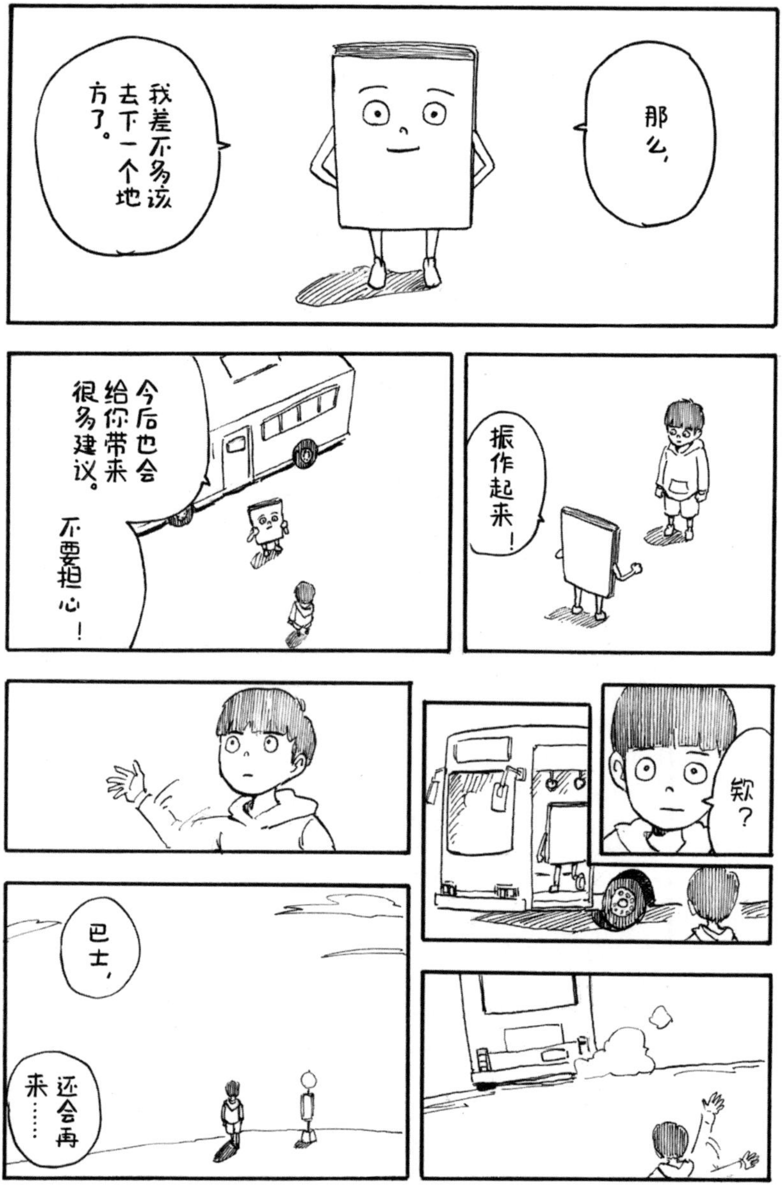
那么，
我差不多该去下一个地方了。
振作起来！
今后也会给你带来很多建议。
不要担心！
欸？
巴士，
还会再来……

结语

本书从八个不同的角度探讨了什么是真正的聪明。聪明意味着你能够以不同的方式思考问题，并找到让你感到幸福的生活方式。

我相信，**聪明的根源在于热情。**

对于不了解的事物或进行得不顺利的事，人都会有一种想要了解和改变的热情。这成为我们**不断思考的动力，并转化成行动。**

热情是提升智慧的火种。当内心燃起火苗，心灵的能量被唤醒时，大脑很容易运转，行动力也会增加，从而付诸行动。一旦你掌握了这个循环，就能迅速改变现实。

我给中学生讲课时经常提出这个问题："在缺水的非洲国家，为日常生活取水和运水是儿童的工作。每天，他们都要往返数次，到遥远的供水点运水，根本没有时间去上学。我们要设计一种工具，使水容器更容易携带，而且可以一次携带大量的水，这样孩子们就可以去上学了。那应该是一种什么样的工具呢？"

这个问题并不难。但长期以来，一直没有类似的创造或改进物。如果没有充满激情的人强烈地感觉到可以为此做些什么，就不会出现具体的创造，情况也不会得到改观。

答案是，携带一种能够滚动的水具。

分组讨论时，初中生，有时甚至连小学生都会说出正确的答案。也就是说，当你认真思考如何设计工具，或者能为此做什么时，好的想法就会不断涌现。

参与讨论的每个人心中都燃起了火花,他们的大脑完全投入,眼神也发生了变化。

一旦你认为非洲的问题是别人的事,与你无关,就不会真正地考虑这些问题。但只要你想,如果这是我的问题呢?它就会点燃你内心的火苗。

那些说"我没有什么感兴趣的事情"或"我找不到想做的事情"的人应该试着思考一下:"我可以做什么来帮助别人?"**如果你的角色和使命是填补世界上缺少的东西,你能做什么?**

如果你思考作为社会的一员能做什么,而不是只考虑自己,就更容易有目标感和成就感。当你意识到你能以某种方式让人们快乐,就会觉得存在有意义。

青少年时期,要**培养一种点燃内心火苗和激发热情的习惯。**总之,对事物感兴趣就可以了!继而思考如何改变当前的处境,解决当下的问题。这就是我的**想法。**拥有这样的思维习惯会让你更有智慧。

不要轻易放弃。即使有时感到困顿，也不要放弃思考。

你变得越聪明，就越能享受生活。

我希望这本书能帮助你理解真正的聪明不只是善于学习和取得好成绩。无论你有多出色，如果你做出的决定给人们带来痛苦、悲伤或不快乐，你就是在以错误的方式使用你的头脑，你没有好好考虑过这么做对世界有什么意义，这关系到什么。

例如，世界上有无尽的战争。我们都知道，战争只能带来灾难性的后果。当我们认为除了战争别无选择时，我们的判断就犯了一个严重的错误。这种判断就不具备知、仁、勇。

宫泽贤治[1]写过一个故事，叫作《虔十公园林》。故事的主人公是一个叫虔十的男孩，大家总是嘲笑他

---

[1] 日本诗人、童话作家、教育家，生于1896年，卒于1933年。——编者注

不够聪明。有一天，他说要种七百棵杉树，创造一片森林，换来的却是人们更多的嘲讽。结果，他真的种下了这些杉树，它们长成了一片森林。杉树林成了孩子们的游乐场，成为人们喜爱的公园。从来没有人说他聪明，但他能判断什么对大家有利。他是一个有知、仁、勇的人，具有真正的智慧。

什么是真正的聪明？

这也是一个关于什么真正重要的问题。

请不要以为读了这本书就找到了答案，要继续思考，在不同的领域获得聪明才智。我希望你能意识到生活中真正重要的是什么，这是你找到幸福的钥匙。

用灵活的头脑，愉快地生活吧！

2019 年 5 月

斋藤孝

格言汇总

第 1 条格言：**真正的智慧建立在知（判断力）、仁（诚意）、勇（行动力）上。**

第 2 条格言：**学习让你拥有更轻松的生活。认知和思考的喜悦为人生增添欢欣和活力。**

第 3 条格言：**学校是让我们认识各种各样的人、练习如何与人打交道的地方。**

第 4 条格言：**考试可以帮助你找到自身的优势和个人的学习方法。**

第 5 条格言：**把书当成朋友，你一辈子都不会孤单！**

第 6 条格言：**不断地沉浸于喜欢的事物！燃烧热情的火种！**

第 7 条格言：**做个开朗的人。成为一个让自己和别人都感到愉快的人。**

第 8 条格言：**从现在开始，尽己所能！这条路行不通，还有别的路。真正的聪明是意识到了这一点。**

新手少年的大人生攻略

什么是真正的朋友？

我们的一生，
都在和人打交道。

日语版全系列
累计销售
26万册+

本书将传授你使友谊立于不败之地的三种能力：
1. 结交合得来的朋友的能力
2. 与合不来的人和睦相处的能力
3. 享受独处的能力

日本千万级畅销书作家斋藤孝传授让你一生受用的思考方式！
好人缘固然重要，但处理人际关系的核心是
让自己变得自信和强大。

新手少年的大人生攻略

什么是真正的内心强大？

输得起比赢更重要。

日语版全系列
累计销售
26万册+

学习上的失败、与朋友交往的不顺、内心的自卑、对未来的恐惧……
如何战胜生活中的逆境？学校里可不教这些！
身处逆境时，请记住：飞机逆风飞行，顺风是飞不了的。

日本千万级畅销书作家斋藤孝传授让你一生受用的思考方式！
一本书帮你练就坚不可摧的心态，支撑你度过人生的每一天。